SOCIÉTÉ

DES

# CHEMINS DE FER ROMAINS

## ASSEMBLÉE GÉNÉRALE ORDINAIRE

Tenue à FLORENCE le 30 juin 1869

# RAPPORT

DU

# CONSEIL D'ADMINISTRATION

PARIS
IMPRIMERIE CENTRALE DES CHEMINS DE FER
A. CHAIX ET Cie
RUE BERGÈRE, 20, PRÈS DU BOULEVARD MONTMARTRE
1869

SOCIÉTÉ

DES

# CHEMINS DE FER ROMAINS

## ASSEMBLÉE GÉNÉRALE ORDINAIRE

Tenue à FLORENCE le 30 juin 1869

# RAPPORT

DU

CONSEIL D'ADMINISTRATION

PARIS
IMPRIMERIE CENTRALE DES CHEMINS DE FER
A. CHAIX ET Cie
RUE BERGÈRE, 20, PRÈS DU BOULEVARD MONTMARTRE
1869

# CONSEIL D'ADMINISTRATION

---

PRÉSIDENT :

**M. MANGANI** (commandeur Thomas).

VICE-PRÉSIDENT :

**M. LEVI** (chevalier David).

SECRÉTAIRE :

**M. GARZONI** (marquis Joseph).

ADMINISTRATEURS :

MM.

**D'AMICO** (commandeur Édouard).
**BENOIST D'AZY** (vicomte Paul).
**BANDINI** (chevalier).
**DE LA BOUILLERIE** (Joseph).
**BRIGANTI-BELLINI** (comte Bellino).
**DE GORI** (comte Auguste), sénateur).
**LEBEUF DE MONTGERMONT** (Adrien).

MM.

**LEMERCIER** (comte Anatole).
**LEVI** (baron G. Georges).
**MARLIANI** (Emmanuel), sénateur.
**SACERDOTI** (chevalier Jacques).
**SONNINO** (baron Isaac).
**DE VILLIERS** (vicomte Fernand).

DIRECTEUR-GÉNÉRAL :

**M. DE MARTINO** (commandeur Jacques)

Messieurs,

Dans les divers documents soumis aux Assemblées générales tenues à Paris et à Florence le 19 octobre 1868, on a esquissé à grands traits, et avec la plus grande précision possible, les conditions dans lesquelles se trouverait notre Société à l'expiration de ladite année, et les moyens proposés pour parer aux exigences, aux dangers de la situation, et pourvoir aux nécessités à venir.

Cette situation était ainsi présentée :

**Dette flottante.**

| | |
|---|---|
| Créanciers divers des trois réseaux........ | 41.943.841 17 |
| Constructeurs de la ligne d'Orbetello à Civita-Vecchia (Territoire Pontifical)............... | 8.000.000 » |
| Créance de l'État (capital)................... | 35.214.000 » |
| Total.......... | 85.157.841 17 |

| | |
|---|---|
| Ressources annuelles...... | 29.642.300 » |
| Charges annuelles........ | 31.221.324 » |
| Découvert annuel..... | 1.579.024 » |
| Auquel il faut ajouter le service des actions privilégiées non compris dans le chiffre des charges annuelles indiqué ci-dessus................ | 1.135.138 » |

Le découvert annuel total s'élevait à.................. 2.714.162 »
sans possibilité d'aucune répartition aux actionnaires.

Dans la Convention stipulée le 30 septembre 1868 avec le Gouvernement Royal pour la cession du chemin de fer de la Ligurie et de la ligne de Florence Pistoïa-Massa et dans les accords avec le Gouvernement Romain pour la substitution d'une subvention annuelle à la garantie de produit net des lignes Pontificales, se trouve résumée la pensée de l'administration précédente pour faire face à une situation aussi dangereuse et anormale.

Il est bon de le rappeler ici à la louange de ceux qui ont conçu et réalisé l'ensemble de ces mesures : Cette Convention débarrasse la Société de la charge et des préoccupations que donnait la construction du chemin de fer de la Ligurie, remet à 1872 l'amortissement progressif et déterminé de notre dette envers l'État : au moyen du prix de la ligne de Florence à Massa et du règlement de toutes réclamations envers l'État, elle permet d'éteindre notre dette flottante, et de pourvoir à nos besoins les plus urgents. Mais cette Convention, signée, comme nous l'avons dit, à la date du 30 septembre 1868, n'avait pas reçu la sanction du Parlement, et elle contenait diverses conditions importantes imposées à la Société dont l'accomplissement était nécessaire soit pour la présentation au Parlement, soit pour son exécution.

Ainsi, nous devions, avant tout (art. 6), arrêter définitivement les comptes des différents créanciers et établir un état de la dette flottante, précis et exact, avec le concours d'un délégué spécial du Gouvernement : lequel état devait être accepté par les créanciers *avant que la Convention ne fût soumise à l'approbation du Parlement.*

Cette garantie que le Gouvernement avait le droit de nous imposer comme point de départ, constituait pour nous une sérieuse difficulté. Nous devions nous mettre d'accord avec nos créanciers pour le règlement *en équité* des intérêts et autres frais et pour la révision du compte de ceux de ces créanciers dont l'assentiment était nécessaire avant la présentation de la Convention au Parlement.

Nous espérons que les résultats obtenus pourront mériter votre approbation.

Notre situation passive, en ce qui concernait la majeure partie de nos créanciers, a été arrêtée le 3 avril 1869, conjointement avec eux et le Représentant du Gouvernement. A cette date, les négociations avec le marquis de Salamanca se suivaient, et la solution en semblait encore éloignée : pour les autres créanciers de moindre importance les justifications ne paraissaient pas suffisamment complètes. Nous avons donc consenti à inscrire dans l'état de nos dettes le maximum de crédit de l'un, et le chiffre intégral des prétentions des autres, nous réservant, ainsi, d'ailleurs, que nous l'avons fait, de reporter sur l'état de notre actif, en regard de l'état de notre passif, les réductions que nous espérions obtenir et que nous avons en effet obtenues de notre entrepreneur; la production de ces deux États en regard l'un de l'autre, était exigée par le Gouvernement comme document fournissant la preuve que nos ressources s'équilibraient au moins avec nos dettes.

En conséquence, l'état de notre dette flottante représentant le maximum de notre passif arrêté au 31 décembre 1868, se résume comme suit :

| | |
|---|---|
| 1° Sommes dues directement aux constructeurs des diverses lignes.................................... | 5.676.965 01 |
| 2° Sommes dues directement aux fournisseurs de matériel roulant livré.................. | 893.914 31 |
| 3° Sommes dues directement aux propriétaires expropriés.................................. | 2.079.157 22 |
| 4° Sommes dues à des personnes morales ou à des particuliers pour emprunts faits par actes divers.................................. | 2.821.433 19 |
| 5° Sommes dues aux établissements de crédit par conventions diverses.................... | 24.179.932 24 |
| 6° Sommes dues aux possesseurs de nos obligations pour coupons échus et non payés..... | 7.179.567 84 |
| 7° Sommes dues à l'État, pour l'emprunt forcé de 1866.............................. | 700.000 » |
| 8° Somme présumée due à l'entreprise Salamanca en exécution de la sentence arbitrale rendue, mais non encore admise dans son entier.................................. | 6.926.558 51 |
| | 50.457.528 32 |
| Dette envers le Gouvernement. Bons du Trésor | 38.177.480 » |
| Total.... | 88.635.008 32 |

Ces chiffres ne sont pas les mêmes qui ont été présentés à l'Assemblée générale du 19 octobre, et la raison en est simple. Depuis cette époque, tous les éléments de la dette flottante ont été discutées à nouveau, en grande partie arrêtées ; il n'y a plus de compte en suspens, et dans aucun cas le montant de la dette ne dépassera les chiffres indiqués ci-dessus ; les intérêts échus ont été calculés, et on a dû ajouter à la liste de nos dettes la somme de 700,000 francs pour la cote approximative de l'emprunt national. Enfin, la créance de l'État a dû être augmentée de la somme importante de 2,963,480 lires, représentant les intérêts échus lors du renouvellement des bons du Trésor.

C'est ainsi que le chiffre de notre dette totale s'est élevé à 88,635,008 L. 32 c.

En procédant ainsi qu'il vient d'être dit, l'état de notre actif s'est, d'autre part, modifié à notre avantage.

Présenté dans l'Assemblée du 19 octobre dernier pour la somme de 45 millions, cet état de notre actif a été arrêté le 15 avril 1869 aux chiffres suivants :

| | |
|---|---|
| Prix de vente du chemin de fer de Florence à Massa ............ L. | 35.000.000 |
| Prix de la rétrocession du chemin de fer de la Ligurie ............ | 10.000.000 |
| Intérêts sur lesdites sommes pour le second semestre 1868 ............ | 1.350.000 |
| Liquidation des subventions kilométriques du second semestre 1868 ............ | 900.000 |
| Subvention pontificale pour 1868, pour les lignes situées sur ce territoire ............ | 2.500.000 |
| Différence d'intérêts entre les sommes dues par l'acquéreur du chemin de fer de Florence à Massa, cessionnaire de la ligne de la Ligurie, et les sommes dues à échéance aux établissements de crédit, aux termes de la convention du 6 mars .......... | 700.000 |
| Total ........... L. | 50.450.000 |

De la comparaison de ces deux États ressort la position financière de notre Société au 31 décembre 1868.

L'explication et la justification des chiffres ci-dessus indiqués, se trouvent dans les conventions ci-annexées sur lesquelles nous nous permettons d'appeler spécialement votre attention. Ces annexes vous démontreront comment, partant toutes du même principe, tendant toutes à un but unique, les conventions en question ont été obtenues aux meilleures conditions possibles, lesquelles, en définitive, sont de bonnes conditions.

## Convention avec la Société de la Haute-Italie.

(Annexe A.)

Mais, en acceptant la tâche qui nous était dévolue, nous n'avons pu nous dissimuler, dès que nous avons eu à apprécier le terrain difficile sur lequel nous nous trouvions, qu'avant tout une opération d'une urgence absolue, prévue, du reste, et autorisée par les précédentes stipulations, nous était imposée.

Avec la fin de l'année, était échu le paiement des obligations non garanties, et de différentes dettes, la plupart à des petits créanciers, justement impatients, qui n'avaient d'autre préoccupation que d'encaisser ce qui leur était dû. Les citations en justice, les saisies se succédaient les unes aux autres. Les saisies s'élevaient à plus de 2,500,000 lires.

Il importait, avec l'assentiment des principaux créanciers et du Gouvernement, de se procurer immédiatement une somme suffisante pour faire face à ces nécessités.

L'Administration précédente avait, dans ce but, entamé des négociations avec la Société de la Haute-Italie pour un emprunt de 11 millions, en cédant par avance à cette Compagnie l'exploitation d'une partie de la ligne déjà vendue par nous par la Convention de septembre.

Nous avons repris et terminé ces négociations.

L'annexe A donne la Convention stipulée avec la Compagnie de la Haute-Italie pour la cession de l'exploitation de la ligne de

Florence-Pistoïa à la Spezia, avec l'embranchement d'Avenza à Carrare et de divers tronçons achevés de la ligne de la Ligurie.

Justifiée par la nécessité, cette Convention ne l'est pas moins, nous nous en flattons, par les conditions qu'elle contient.

Par son moyen, il a été possible de faire effectuer le paiement des coupons des titres non garantis et des dettes également échues en modifiant de cette façon le titre de la créance ou le nom du créancier, en substituant à des créances échues ou impérieuses des créances à long terme et déterminées.

Cette Convention, c'est la cession de l'exploitation d'une ligne déjà vendue, c'est le commencement d'exécution, et pas autre chose, des contrats déjà passés pour cette cession, à des conditions équitables, avantageuses pour nous, à titre provisoire, sans autre obligation que celle de prévenir six mois à l'avance nos co-traitants pour le cas où nous voudrions ou pourrions remettre les choses en leur premier état; c'est la garantie nécessaire du susdit emprunt, à des intérêts qu'on ne pouvait espérer d'obtenir autres dans nos conditions actuelles; c'est le seul moyen, en un mot, de relever notre crédit, de rendre possible l'administration, et de procéder à la lente et successive exécution des différents actes que nous allons examiner, et qui constituaient, en conformité des articles 2, 3, 6, 14 et 15 de la convention du 30 septembre, la part qui nous incombait pour assurer l'exécution de cette Convention.

## Convention avec les établissements de crédit.

(Annexe B.)

Le chiffre le plus considérable de nos dettes est celui des engagements contractés avec les établissements de crédit ci-après indiqués :

La Société de Crédit industriel et commercial;

La Société anonyme de Dépôts et Comptes courants;

La Banque fédérale de Berne;

La Banque de Crédit italien,

tous représentés par M. Albert Rostand.

Leur avoir était liquide et appuyé de conventions formelles et précises, sanctionnées par l'ancienne commission mixte. Il n'y avait plus de doute ni de discussion possible sur le chiffre de leur créance : nous ne pouvions que demander des réductions et de nouvelles concessions relativement au mode et au délai des paiements, et nous n'avions que des considérations purement morales à opposer à des actes et à des droits indiscutables.

Une fois déterminés, le chiffre de leur créance au 31 décembre 1868 à 22,919,883 fr. 35 c., et les conditions de paiement, les établissements ont consenti :

1° A accepter des délais de paiement concordant avec les termes fixés pour les versements à faire par le Gouvernement, conformément aux termes de la Convention de septembre;

2° A donner la faculté d'employer les 11 millions de l'emprunt contracté avec la Société de la Haute-Italie, à faire face aux nécessités les plus impérieuses;

3° A rendre libres 170,000 obligations qu'ils détenaient en gage, et qu'ils auraient pu, en grande partie, jeter sur le marché, dans des éventualités déterminées, il est vrai, mais qui pouvaient se réaliser.

4° A réduire le taux des intérêts à payer de 6 à 5 0/0 : l'un de ces établissements (la Banque de Crédit italien, qui à sa qualité commune de créancier, ajoutait celle de garant, vis-à-vis des autres établissements, de leur créance envers nous) se portant fort et caution que ces deux concessions se chiffreraient au profit de la Société par une réduction définitive deL. 700.000.

## Convention pour la liquidation des questions relatives à la ligne de San Severino à Avellino, entre le Gouvernement, la Société et l'Entreprise Fiocca et De Rosa.

(Annexe C.)

Jusqu'au 15 mai 1862, la Société Fiocca et De Rosa était chargée pour le compte du Gouvernement, de la construction du premier tronçon de la ligne de San Severino à Avellino, soit les 16 kilomètres entre San Severino et Solofra.

Les travaux étaient interrompus. La Société constructrice avait refusé de reconnaître la cession de cette ligne par le Gouvernement à notre Société, laquelle, d'abord, exigeait la vérification des travaux déjà exécutés, et, d'autre part, avait le plus grand intérêt à faire résilier ce contrat qui était très-onéreux.

L'alinéa D de l'article 17 de la convention de septembre se rapporte à cette question, et en impose la solution immédiate.

La convention dont nous nous occupons constitue liquidation et transaction sur toutes les questions relatives à la construction de cette ligne.

Le contrat avec MM. Fiocca et De Rosa est résilié d'office, et, la compensation imposée par la loi, ainsi que le paiement des travaux exécutés, reconnus par le Gouvernement, le tout calculé à un total de L. 640.000, est payé par l'État pour compte de notre Société et sera ajouté à son crédit, dans le règlement de nos comptes aux termes de la convention, et ainsi que cela a été stipulé.

La Société reprend cette ligne, avec tout le matériel et les accessoires, et en devient propriétaire.

Elle reprend et devient ainsi propriétaire d'environ 1350 tonnes de rails qui sont déposés dans les chantiers de San Severino, et qui peuvent et doivent être utilement employés au renouvellement de l'armement de la voie entre Naples et le Liri. Avec une dépense de 30 à 40 mille lires, on ouvrira à l'exploitation, sous peu de jours, la partie entre San Severino et la Laura, sur une longueur de 8 kilomètres, et la Société augmentera ainsi, annuellement, ses subventions kilométriques de 106,000 lires.

## Convention avec le Gouvernement, en exécution des Articles 2 et 3 de la Convention de septembre.

(Annexe D.)

Les Art. 2 et 3 de la convention du 30 septembre imposaient l'obligation de régler le débit et le crédit entre l'Etat et la Société, et de résoudre définitivement toutes les questions et contestations pendantes.

La convention dont nous nous occupons, intervenue après un arbitrage de MM. le commandeur Astengo, Scotti et le chevalier Bologna, pour le Gouvernement, et MM. le commandeur Mari, le chevalier Casamorata et le chevalier Michon, pour le compte de la Société, embrasse deux catégories de transactions.

La première a trait aux contestations indiquées dans les paragraphes A, B, C, D de l'art. 2, soit :

1° Règlement des garanties sur la ligne de Bologne-Ancône, dues par le Gouvernement depuis l'ouverture de ladite ligne, jusqu'au 14 mai 1865, et appliquées au remboursement du prix des travaux urgents sur la Ligurie.

2° Restitution des sommes imputées au débit de la Société comme conséquence de l'acquisition de la ligne de Gênes à Voltri.

3° Remboursement des sommes retenues sur les subventions

kilométriques pour les intérêts de la rente émise pour paiement des travaux exécutés sur la ligne de la Ligurie.

4° Restitution au Gouvernement des subventions reçues pour les sections ouvertes de la ligne de la Ligurie, y compris la ligne de Voltri, depuis le 14 mai 1865.

Toutes ces prétentions réciproques ont été ramenées à une somme fixe et déterminée, en notre faveur, de L. 12.216.470 34.

La seconde catégorie concerne, aux termes de l'Art. 3, la fixation et la liquidation de toutes les contestations et questions pendantes entre le Gouvernement et la Société. Il y en avait vingt-deux : cinq ont été exclues de la transaction, non pas parce qu'elles étaient inconciliables, mais parce qu'elles se rapportaient plutôt à une question de principe qu'à une question d'intérêt, et que la question de principe ne peut être résolue que par les tribunaux compétents ou parce que le Gouvernement n'est pas réellement en cause. Sur les autres, il y a eu transaction pour la somme totale, en notre faveur, de 1.783.529 66.

De cette façon, pour les deux catégories réunies, le crédit de la Société a été fixé à 14 millions à payer aux termes des Art. 4 et 5 de la convention de septembre, avec la déclaration, toutefois, que 4 millions seront appliqués « en travaux et appro-« visionnements urgents, dont la nécessité sera reconnue par « le Gouvernement. »

## Convention avec les Constructeurs de la ligne d'Orvieto à Orte.

(Annexe E.)

Par contrats des 14 avril 1862, 1er juillet 1863 et 1er juin 1865, l'ancienne Société de la Toscane centrale avait concédé à

MM. Cheli, Romanelli et Righi, tous les travaux de la ligne de Chiusi à la jonction du chemin de fer d'Ancône à Rome.

La situation financière embarrassée de la Société a fait suspendre les travaux sur toute cette ligne : les entrepreneurs sont restés créanciers de L. 1.172.000, et le montant des travaux restant à faire, garanti par contrat, était de 3.968.000 L.

L'Art. 11 de la convention de septembre impose le règlement de cette question.

La Convention ci-jointe (Annexe E) en détermine les moyens :

Les travaux sont repris sur toute la ligne. On est convenu de désintéresser ces Entrepreneurs de la manière suivante : L. 572.000, au moment de la signature de ladite Convention; L. 250.000 à la fin de l'année courante, et L. 600.000 sur les paiements prévus dans la Convention du 30 septembre pour la cession de la ligne de Florence à Massa. — On leur abandonne les subventions kilométriques à recevoir du Gouvernement, lors de l'ouverture des sections d'Orvieto à Alviano (20 kilomètres), de Torrenieri à Grossola (14 kilomètres), sur les lignes d'Orvieto Orte et de Torrenieri Grosseto, lesquelles subventions représenteront pour le 2e semestre 1869 une somme de 97.000 francs; au commencement de 1870, un nouvel à-compte de L. 250.000; dans le courant du 1er semestre de cette même année 1870, 205.250 L ; à la fin de cette même année 1870, le montant des subventions kilométriques des sections d'Orvieto à Attigliano (29 kilomètres), et de Torrenieri à Grosseto (74 kilomètres), représentant une somme de L. 682.375; — en 1871, époque à laquelle toutes les sections d'Orvieto à Penna et de Torrenieri à Grosseto seront exploitées, une somme de L. 1.400.000, moitié au 30 juin, moitié au 31 décembre, et enfin, en 1872, le solde, soit environ L. 574.541.

Par ces arrangements, le solde de notre débit actuel se trouvera réglé par un prélèvement de 822,000 L. sur les fonds de notre Caisse, par une délégation de 600,000 L. sur les fonds à recevoir du Gouvernement, et pour le solde de l'achèvement de ces importants travaux au moyen de l'abandon des subventions kilométriques jusqu'en 1872, époque à laquelle la Société rentrera dans la libre disposition de ses subventions.

## Convention avec MM. Tommasini, Guerrini et Cie, Constructeurs de la ligne de Civita-Vecchia au Chiarone.

(Annexe F.)

Par contrat du 5 juin 1864, la construction de la ligne de Civita-Vecchia au Chiarone a été confiée à MM. Tommasini, Guerrini et Cie, de Rome, au prix de 186,000 francs par kilomètre.

Le compte définitif avec ces entrepreneurs n'est pas encore réglé. Il y a des questions pendantes qui devront être résolues par deux arbitres.

Ce compte représente un chiffre qui peut varier de 6 à 7 millions.

Par un autre contrat, ces mêmes entrepreneurs doivent se charger de la construction de la gare de Rome au prix de 2 millions. De cette façon, leur avoir s'élèvera à 8 ou 9 millions.

Sous la date du 2 juin 1868, est intervenue une convention avec MM. Tommasini, Guerrini et Cie pour le mode de paiement de leur créance, et pour la construction de la gare de Rome.

Par une première convention, il avait été établi que ces entrepreneurs seraient payés sur les recettes du réseau pontifical, par à-comptes mensuels commençant le 1er juillet 1868, et devant continuer jusqu'à extinction totale de leur créance.

Cette convention n'a pas reçu son exécution, et les entrepreneurs menaçaient la Compagnie d'actes exécutoires.

En la reprenant, et en la réalisant, nous en avons amélioré les conditions.

Tous les arriérés de juillet à février ont été fixés à 200,000 L. à payer immédiatement, et le paiement progressif du solde de la créance a été fixé à la somme mensuelle de L. 83,333 33, soit 1,000,000 par an, à prélever sur les ressources du réseau pontifical.

Avec ces conditions favorables, la Société s'est mise en mesure de pouvoir éteindre facilement cette importante dette avec les ressources exclusives du réseau pontifical, et de construire la gare de Rome : ce à quoi elle était tenue par les obligations prises envers le Gouvernement pontifical.

## Convention avec M. le marquis de Salamanca.

(Annexe G.)

La question Salamanca était l'une des plus difficiles.

Il fondait sa créance de F. 6,926,558 51 sur la sentence arbitrale rendue à Paris le 22 août 1868.

La commission mixte avait contesté la validité de cette sentence, et, par sa décision du 18 décembre 1868, nous avait laissé le soin de donner une solution à cette question.

La sentence avait été prononcée par deux arbitres, MM. Mollard et Mantion, nommés par les parties respectives. Les arbitres se sont mis d'accord sur presque toutes les questions. Le troisième arbitre, M. Paulin Talabot a dû intervenir seulement sur trois questions dont la solution proposée laissait une différence totale de 800,000 F.

En présence des difficultés et des incertitudes d'un procès à suivre devant les tribunaux, des dépenses et plus spécialement des frais d'enregistrement s'élevant au delà de 700,000 L., à la charge de celle des parties qui se serait adressée à justice, considérant l'urgence et la nécessité de remplir la dernière des conditions imposées par la Convention du 30 septembre et attendu que la question pendante, qui, en tout état de cause, aurait été jugée hors du Royaume, ne pouvait être traitée isolément, mais bien corrélativement et d'ensemble avec nos autres affaires, nous nous sommes déterminés à la résoudre par une transaction amiable.

Telle est la convention que nous vous soumettons (annexe G.), par laquelle on est convenu :

De la part de la Société,

De reconnaître en fait la sentence arbitrale Mollard, Mantion et Talabot;

De la part de M. le marquis de Salamanca,

De renoncer sans indemnité aux nouveaux travaux que la sentence lui avait reconnu le droit d'exécuter pour une somme de 2,600,000 L. environ ;

De recevoir en paiement de sa créance :

300,000 L. comptant en billets de banque, et 300,000 L. trois mois après la stipulation du contrat.

Les traites acceptées par M. Olivier York, de Londres, pour une valeur de 564,000 L. reprises par M. de Salamanca à 50 0/0, et sans aucune responsabilité de la Société, ni de fait, ni de droit.

350,000 L. en une délégation de l'ancien Conseil de la section sud sur le Gouvernement pontifical.

10,000 obligations de la Société au prix de 210 L.; le solde du compte en autant de délégations qu'il en faudra sur le Gouvernement italien, lorsque la convention du 30 septembre aura son plein effet, et aux échéances qu'il plaira à la Société de déterminer.

## Accords avec le Gouvernement pontifical.

Dans l'Assemblée générale du 19 octobre, vous avez approuvé les accords intervenus avec le Gouvernement pontifical, lesquels réglaient l'arriéré des sommes dues à la Société, et la substitution d'une somme annuelle fixe et déterminée, à la garantie variable et incertaine du produit net.

Les Rescrits Pontificaux en date des 27 juin et 24 juillet 1868 qui vous ont été communiqués à cette époque, fixaient l'arriéré à la somme de L. 3.144.941 25, et la garantie de produit net durant cinq années à L. 2.500.000 par an.

C'était une bonne solution à une grande difficulté.

Mais le Gouvernement pontifical ayant fait étudier les actes et documents à lui transmis après l'Assemblée générale du 19 octobre 1868, s'est montré persuadé que les statuts de 1856, à son insu et malgré lui, avaient été violés par les nouveaux statuts qui règlent aujourd'hui notre avenir, et, reportant la question sur le terrain des principes, ledit Gouvernement, par un Rescrit Souverain du 22 décembre 1868, a déclaré nuls et non avenus nos actes pour leurs effets sur son territoire, a retiré les concessions et accords précités, se regardant comme libéré de tous engagements, si « dans le délai rigoureux de trois mois, » notre Société n'avait pas repris dans l'État pontifical la pleine » et entière exécution des statuts de 1856. »

Les intentions de la Société, les termes, le sens de nos nouveaux statuts étaient également méconnus.

L'article 77 était pour nous une vérité et un fait incontestables.

Nous n'avons donc eu aucune raison de nous opposer à ce que la situation fût parfaitement éclaircie, et nous avons en conséquence consenti à vous proposer, comme nous vous le proposons, d'accepter la déclaration suivante :

L'Assemblée générale, pour faire disparaître toute espèce de doute, et éviter toute interprétation contraire, déclare que les nouveaux statuts approuvés par l'Assemblée générale du 19 octobre 1868 ne sont pas applicables au réseau des voies ferrées situé sur le territoire pontifical, pour lequel réseau les statuts de la Société générale des Chemins de fer romains, en date du 16 août 1856, continueront à être en pleine vigueur; qu'en conséquence, il ne pourra y avoir lieu à l'échange des 170.000 actions constituant le capital social de ladite Société générale des Chemins de fer romains, et qu'il ne pourra être pris pour le susdit réseau pontifical aucune autre disposition contraire aux susdits statuts du 16 août 1856.

Avec cette simple déclaration, nous nous mettons en mesure de remplir, encore pour cette partie, les obligations que nous impose la Convention du 30 septembre.

En l'état, pouvons-nous raisonnablement douter de l'exécution de cette Convention qui est stipulée depuis plus de neuf mois, et qui a déjà reçu un commencement d'exécution prévu, consenti par la Convention elle-même ?

Nous devions, pour sa présentation au Parlement, résoudre toutes les questions pendantes avec le Gouvernement, avec nos créanciers, avec les constructeurs; fixer d'accord avec nos créanciers et avec le Gouvernement, l'état précis de notre passif; enfin donner la preuve que nos ressources contre-balançaient pour le moins nos dettes.

Nous devions, pour son exécution, stipuler avec le Gouvernement pontifical une convention « qui assure le prompt encaisse- » ment de la garantie en la ramenant à une subvention annuelle » de L. 2,500,000 »

Il ne peut plus aujourd'hui y avoir aucun doute sur l'accomplissement des engagements que nous devions remplir, non plus que sur l'exécution des différentes stipulations qui nous permettent de faire cette affirmation.

Ayant dû recourir à nos ressources disponibles pour faire face au surplus des paiements convenus, nous pouvons vous présenter aujourd'hui dans les termes suivants la situation actuelle de notre Société :

## Dette flottante.

| | | |
|---|---|---|
| 1° Sommes dues directement aux constructeurs des lignes | L. 2.799.992 | 43 |
| 2° Sommes dues pour expropriations | 1.731.553 | 11 |
| 3° — aux personnes morales ou à divers particuliers pour emprunts | 2.573.468 | 13 |
| 4° — aux établissements de crédit par conventions diverses | 22.117.337 | 47 |
| 5° — coupons arriérés | 60.000 | |
| 6° — emprunt national | 700.000 | |
| 7° — au marquis de Salamanca | 6.622.558 | 51 |
| Avance de la Haute-Italie (en or) | 11.000.000 | |
| Intérêts à divers (environ | 700,000 | |
| | 48.304.909 | 65 |
| Payé à divers sur les ressources disponibles | 2.152.618 | 67 |
| Total | 50.457.528 | 32 |

L'Etat de nos ressources a subi une modification par suite des conventions dont nous avons parlé.

Voici quel il est aujourd'hui :

## Etat des ressources de la Société.

| | |
|---|---|
| Prix de vente du chemin de fer de Florence à Massa | L. 35.000.000 |
| Prix de la rétrocession des chemins de fer de la Ligurie | 10.000.000 |
| *A reporter*... | 45.000.000 |

| | |
|---|---|
| *Report*... | 45.000.000 |
| Intérêts sur lesdites sommes pour le 2e semestre 1868.................................... | 1.350.000 |
| Liquidation des subventions kilométriques du 2e semestre 1868.............................. | 900.000 |
| Subventions pontificales pour les lignes situées sur ce territoire pour l'année 1868..... | 2.500.000 |
| Différence d'intérêts entre les sommes dues par l'acquéreur de la ligne de Florence à Massa, cessionnaire de la ligne de la Ligurie, et les sommes dues à échéance aux établissements de crédit aux termes de la convention du 6 mars. | 700.000 |
| Total L. | 50.450.000 » |

| | | |
|---|---|---|
| Nouvelles ressources résultant de la convention Salamanca pour 10.000 obligations émises à L. 210.................... | 2.100.000 » | 2.382.000 |
| Traites York à remettre audit marquis pour 50 0/0 sur 564.000.................... | 282.000 » | |
| | Total.... L. | 52.832.000 » |

Les ressources et les charges annuelles restent les mêmes que celles qui ont été indiquées dans le rapport du 19 octobre dernier, avec la seule modification résultant de la cession de 10,000 obligations à faire au marquis de Salamanca par suite de la convention (Annexe G.).

### Ressources annuelles.

| | |
|---|---|
| Subventions kilométriques sur 1,164 kilomètres en exploitation sur le territoire italien ................L. | 15.423.000 |
| Subvention du Gouvernement pontifical........ | 2.500.000 |
| *A reporter*... | 17.923.000 |

| | | |
|---|---|---|
| | *Report*.. | 17.923.000 |
| Annuité de la cession de la ligne de Bologne à Ancône | | 3.560.000 |
| Recettes nettes calculées à raison de L. 3,300 par kilomètre, pour les 1,164 kilomètres sur le territoire italien, et les 317 sur le territoire pontifical, soit, pour 1,481 kilomètres | | 4.887.300 |
| Total des ressources....L. | | 26.370.300 |

**Charges annuelles.**

| | | |
|---|---|---|
| Titres garantis................L. | 10.984.954 | |
| Obligations romaines | 12.420.100 | |
| Actions privilégiées (trentenaires et siennoises) | 1.135.138 | |
| Annuité aux constructeurs de la ligne d'Orbetello | 1.000.000 | |
| | | 25.540.192 |
| Excédant.......L. | | 830.108 |

En résumé :

| | |
|---|---|
| A la dette flottante de....L. | 50,457.528 |
| nous ferons face avec nos ressources de | 52.832.000 |
| à toutes les exigences de service, la Société étant remise dans une situation normale, lesquelles exigences s'élèvent par an à | 25.540.192 |
| Nous ferons face avec nos ressources annuelles de....L. | 26.370.300 |

Et nos ressources ne peuvent pas ne pas augmenter.

Laissant de côté toute considération générale, nous ferons simplement observer :

1° Que les recettes nettes de la Société sont calculées sur un minimum de L. 3,300 par kilomètre; qu'elles sont déjà plus élevées et que nos efforts pour les accroître encore ne peuvent pas ne pas réussir, comme nous viendrons à le démontrer;

2° Qu'à l'expiration des contrats avec les constructeurs des lignes Siennoises et Pontificales, nos ressources générales seront augmentées, à des époques déterminées, de toutes les sommes qui sont actuellement affectées à ces contrats;

3° Que la moitié de toutes les sommes excédantes restent à l'entière disposition de la Société.

## EXPLOITATION.

La précédente administration nous avait légué un autre soin: nous devions unifier, centraliser la direction du service et la rendre plus conforme aux justes exigences du Gouvernement, du public et des intérêts sociaux.

Nous devions rendre uniformes pour tout le réseau les bases organiques de notre administration et réorganiser tout le personnel.

Nous devions donner à notre trafic tout le développement possible, améliorer les conditions du matériel fixe et roulant, pourvoir à la réfection de la voie, et prescrire par nécessité, ou par suite des obligations imposées par les nouvelles conventions avec le Gouvernement, d'importants travaux de construction suspendus ou lentement conduits.

### I.

Les bases organiques de l'administration et du service ont été établies sur les données suivantes :

Service unique de la comptabilité. Contrôle unique. Caisse unique.

L'exploitation, sous la haute surveillance du Directeur Général, divisée en trois parties :

Entretien et surveillance de la voie ;

Matériel et traction ;

Mouvement et trafic.

Pour la marche de ces services, le réseau social a été divisé en trois sections :

Lignes méditerranéennes ;

Lignes adriatiques ;

Lignes méridionales.

Le service télégraphique a été unifié ; les services du magasin et de la traction ont été réunis et leur comptabilité a été centralisée à la Direction.

C'est l'organisation exigée par nos statuts, simple, régulière, d'après les principes les plus stricts d'économie possible et de bonne administration.

Et ici il importe de faire remarquer que, dans le changement de nos conditions économiques et administratives, la pensée qui doit, à notre avis, présider à cette réorganisation profonde et radicale de tous les services, ne peut plus être celle qui a dirigé nos précédentes administrations, séparées et différentes entre elles.

Depuis bien des années, on a dû pratiquer l'économie la plus absolue en toutes choses et sans exception. On ne dépensait pas, parce qu'on n'avait pas. Cédant aux nécessités du moment, on ne pouvait penser aux exigences du lendemain. Cette situation a créé de graves inconvénients que nous subissons aujourd'hui de toutes parts : pour le matériel, nécessité de subvenir d'un coup à de nombreuses et importantes réfections complètes, auxquelles on n'aurait pas été obligé si, en temps utile et progressivement, on avait pourvu à celles qui ne rentrent pas dans l'entretien ; pour les approvisionnements, obligation d'accepter des prix excessifs, parce que les acquisitions étaient faites au jour le jour et sans opportunité ; pour le personnel, difficultés résultant du manque d'uniformité et d'une grande confusion dans la distribution du travail, dans le nombre superflu d'employés, mal rétribués, et même, pour certains, sans aucune rétribution.

Au contraire, le principe dirigeant aujourd'hui est celui-ci : aucune dépense improductive ; économies possibles ; mais aucune économie pour les dépenses indispensables et productives ; aucune économie au détriment du capital.

En ce qui regarde le personnel, la pensée qui a présidé à la formation des cadres est la suivante :

Division raisonnée du travail ; pas de travail gratuit ; le moins d'employés possible, mais d'autre part pleine garantie aux droits acquis pour les services rendus ou pour le mérite personnel, et juste rétribution du travail.

De cette manière seulement, à notre avis, nous pourrons répondre aux exigences du service, de l'accroissement du travail, de l'économie possible et raisonnée que nous voulons introduire partout :

Les services de la Société coûtent par kilomètre :

| | |
|---|---|
| La Comptabilité.....L. | 177 |
| La Caisse............ | 23 |
| Le Télégraphe......... | 65 |
| La Voie.............. | 191 |
| La Traction.......... | 163 |
| Le Trafic............ | 94 |
| Le Magasin........... | 76 |
| Total....L. | 789 |

## II.

Sur l'utilité et sur la nécessité de donner à notre trafic tout le développement qu'il comporte, et sur la possibilité d'atteindre ce but, nous n'avons aucun doute. Nous n'avons pas perdu de temps pour nous occuper de cette partie de notre tâche. Nous l'avons fait pour les tarifs, pour les horaires, de même que pour les stations, les magasins et le matériel roulant.

Les tarifs constituent la propriété productive des Sociétés de chemins de fer, l'unique source de leurs revenus. Il faut les appliquer avec la plus grande circonspection, en ayant toujours présent à l'esprit que toute diminution de tarif qui n'augmente pas l'encaisse, est attentatoire à la fortune des actionnaires.

L'article 17 de la Convention du 30 septembre 1868 imposait à notre Société l'obligation d'appliquer, à partir du 1er janvier 1869, aux transports sur toutes les lignes en exploitation du Réseau italien, les tarifs et les conditions générales de leur application, contenus dans le projet du règlement communiqué à la Société par lettre du 6 janvier 1867, par le ministère des travaux publics.

Cette obligation était précise, péremptoire. Pourtant, comme il s'agissait d'intérêts vitaux de la Société, et que ces tarifs, à notre avis, ne les protégeaient pas suffisamment, nous avons cru devoir en demander la discussion, et nous l'avons obtenue.

Aujourd'hui nous avons la satisfaction de vous soumettre les principaux résultats des tarifs combinés définitivement avec le Gouvernement.

Nous avons cherché à unifier nos tarifs en maintenant au chiffre le plus élevé possible les prix des premières classes, pour lesquelles on se préoccupe moins de la dépense que du mode et de la durée du voyage, et nous avons en conséquence maintenu le prix pour les trains directs à 0,10 ou à 0,095 pour les trains omnibus.

Les 2mes classes, de 0,084 et 0,080, sont réduites à 0,077 pour les trains directs, et à 0,065 pour les trains omnibus.

Les 3mes classes, de 0,06 à 0,045 pour les trains omnibus et à 0,035 pour les trains mixtes.

Une semblable réduction, avantageuse au public, est parfaitement justifiée dans l'intérêt de la Société. C'est le seul moyen efficace pour accroître le mouvement local, et pour satisfaire les voyageurs qui n'apprécient pas encore le temps à sa valeur.

Pour les marchandises à grande vitesse, on a maintenu le prix de 0,04 par quintal et par kilomètre, qui est actuellement en vigueur sur tous les chemins de fer italiens, en le réduisant cependant à la moitié pour les denrées alimentaires.

Le tarif général pour les marchandises à petite vitesse que nous avons établi, est le suivant :

| Classe | Prix | Droit fixe |
|---|---|---|
| 1re classe | 0,16 | Droit fixe de L. 2 par tonne. |
| 2e » | 0,14 | |
| 3e » | 0,12 | |
| 4e » | 0,10 | |
| 5e » | 0,07 | Droit fixe de 0,20 par tonne. |
| 6e » | 0.06 | |
| 7e » | 0.05 | |

Les tarifs sont ainsi unifiés et réduits de la manière la plus utile pour nous, et nous sommes convaincus que nous ne tarderons pas à en ressentir les effets favorables.

Mais pour développer le mouvement commercial d'un chemin de fer, il ne suffit pas toujours de percevoir une taxe de tarif inférieure à celle qui est perçue par les autres moyens de transport. Il convient aussi de tenir compte de la classification des marchandises, des circonstances locales, des conditions économiques, et des habitudes des populations.

De cette manière on crée le trafic là où il n'existe pas, et cela principalement avec des *tarifs spéciaux*, et des *tarifs cumulatifs* appliqués d'une manière logique que nous sommes déterminés à adopter, au fur et à mesure que les études que nous avons prescrites en démontreront la convenance.

Parmi les tarifs spéciaux, il convient d'indiquer les tarifs réduits pour le transport des voyageurs entre Naples et Capoue et Cancello à San Severino, au moyen desquels nous pouvons espérer détruire la concurrence des voitures et des corricoli. Nous en puisons la conviction dans l'exemple que nous ont donné les Méridionaux, en créant avec grand avantage des 4[es] classes.

Sous peu de jours, nous adopterons un tarif spécial pour les lignes des Maremmes, dans le but de faire concurrence au cabotage.

On a, en outre, établi des tarifs spéciaux pour la délivrance à prix réduit des billets de voyageurs aller et retour, pour toutes les stations de notre réseau.

On a organisé, aussi, des trains extraordinaires, dits de plaisir, et des billets circulaires.

La ligne des chemins de fer méridionaux qui se raccorde à Bologne avec la Haute-Italie et par conséquent avec le Sud de l'Allemagne, et qui vient aboutir au port de Brindisi, laisse jusqu'à présent aux Chemins de fer romains, peu de moyens pour attirer sur leurs lignes le transport en transit des marchandises de la France, de l'Allemagne, de la Suisse à destination, ou en provenance de l'Orient. Mais pour le marché italien, les tarifs de transit avec la Haute-Italie peuvent avoir pour nous de grands avantages. C'est pour atteindre ce but que nous avons passé avec cette Société la convention qui a pour objet d'établir, avec les lignes bavaroises, un service cumulatif direct à grande et petite vitesse, avec tarifs de transit *vià* Brenner, pour la Suisse, la Hollande, la Belgique, le Nord de la France et l'Angleterre.

Pour que notre trafic acquierre toute son activité, non-seulement dans les localités riveraines du chemin de fer, mais aussi dans celles qui en sont éloignées, nous organisons des services de correspondances pour les marchandises et les voyageurs, qui relieront à nos lignes tous les centres importants par leur industrie et leur commerce.

C'est vers ce but que tendront les agences des villes, qui feront le service de réception et de livraison à domicile dans les localités importantes, et qui faciliteront le trafic des voyageurs et des marchandises.

Si la question des tarifs est importante pour le trafic, celles des horaires ne l'est pas moins et devait aussi nous préoccuper: nous devions chercher à attirer les voyageurs et les marchandises en combinant utilement les arrivées, les départs et les coïncidences de nos trains. Nous avons, en conséquence, cherché dans les nouveaux horaires à satisfaire à tous les besoins, à toutes les habitudes locales, en accélérant le plus qu'il était possible la marche des trains directs, en en augmentant le nombre, et en cherchant à obtenir pour eux des coïncidences internationales.

Nous avons séparé, autant que possible, le service des marchandises du service omnibus, en le réglant suivant les intérêts vicinaux, et en opérant dans ces nouveaux horaires une réforme radicale, spécialement pour les lignes d'Orvieto et de San Severino.

Nous espérons obtenir de la douane l'importante concession d'exempter de la visite, au moins les petits bagages des voyageurs des trains directs de Florence à Naples, dans le but de donner une légitime satisfaction aux vœux des voyageurs, et d'arriver ainsi à réduire les distances entre les points principaux de notre ligne, qui sont aussi ceux d'autres chemins de fer.

Puis, il y a nécessité d'agrandir les gares de petite vitesse, et les magasins des marchandises qui sont totalement insuffisants pour les besoins présents du trafic, bien que ce trafic soit encore restreint. Mais cette amélioration sera encore bien plus indispensable lorsque, par suite des mesures que nous avons décidé de prendre, le trafic se trouvera augmenté; ce point important ne pouvait manquer d'attirer notre attention. Dans ce but, nous poussons activement les travaux de la gare de Naples, et nous avons présenté un projet pour l'agrandissement de la gare des marchandises de Florence.

Dans les circonstances où nous nous trouvons, nous eussions fini par être obligés de refuser la marchandise. Il y a eu, en effet, un tel encombrement les mois passés dans la gare de Florence, que nous avons compté jusqu'à 700 wagons chargés, qui, pendant plusieurs jours, ont eu l'air d'avoir été oubliés; nous avons dû décider qu'extraordinairement, toutes les marchandises seraient déposées dans une partie de notre gare de voyageurs, désignée à cet effet, et enfin partout où il y avait un pouce de terrain à occuper.

Nous sommes déjà en mesure de faire connaître en quelques mots les principaux résultats de ces réformes.

La moyenne annuelle kilométrique des produits de nos lignes a été :

Pour 1868 de............................L. 11.430 08

Pour les cinq mois écoulés de cette année...... 11.906 51

On ne peut nier qu'il y ait déjà eu un grand pas de fait dans l'accroissement de notre mouvement commercial. Nous voulons davantage. Nous voulons et nous devons adopter toutes les mesures qui lui donneront le plus grand développement possible, et notre ligne par sa position, par les conditions où se trouvent les grandes cités qu'elle dessert et les pays qu'elle traverse, légitime de cette part les plus vives espérances.

## III.

Nous manquions de matériel roulant. Par suite de la reprise du matériel qui était destiné au service de la ligne louée à la Haute-Italie, cette lacune se fait moins sentir, ce qui n'est pas moins constaté par l'inventaire et la répartition du matériel sur chaque section. Nous devons donc nous préoccuper sérieusement de l'employer toujours utilement, et de le réparer progressivement.

A cet effet, nous avons établi près de notre Direction un bureau spécial pour la répartition quotidienne de ce matériel, et pour le contrôle efficace de son emploi.

La Convention du 30 septembre pourvoit aussi aux besoins que nous espérons voir s'accroître par le développement de notre mouvement commercial, et, pour cet objet là aussi, nous désirons vivement voir cette Convention mise en pratique.

En ce qui concerne les réparations du matériel, notre pensée est simple : restreindre le plus possible le nombre de nos ateliers : déjà celui de Livourne est supprimé, et à Naples, l'industrie privée est substituée autant que possible à la Société : Par suite de la cession de la ligne de Pistoïa à Massa, celui de Lucques ne dépend plus de nous.

Nous conserverons à Florence et à Sienne deux ateliers : mais nous chercherons aussi à substituer à ces ateliers l'industrie privée, en lui donnant la préférence chaque fois que nous y trouverons notre compte.

Avec ces données principales, en uniformant tous les modèles de notre matériel, en appliquant le système de la concurrence pour toutes les fournitures, en se montrant rigoureux dans les réceptions, en débarrassant les magasins de tout matériel inutile et sans emploi, en faisant les acquisitions à temps, nous réaliserons une grande économie.

Nous espérons réussir principalement pour le charbon. Les essais ordonnés immédiatement et d'ensemble sur toutes les sections démontreront quelles sont les meilleures qualités. Quant au prix, l'amélioration dépendra plus spécialement du moment choisi pour la passation des contrats.

Les acquisitions faites le mois dernier, à Civita-Vecchia, de charbons anglais de première qualité, coûtent, à bord du navire, dans le port, L. 34.

En même temps, nous avons prescrit les essais les plus complets sur l'emploi des lignites, et la consommation combinée du bois et du charbon.

IV.

La partie de notre voie qui a plus spécialement attiré notre attention, est celle de Naples au Liri.

Cette voie, par son ancienneté, et par suite du mode suivi pour son armement, demande une réparation urgente et radicale.

Nous avons obtenu du Gouvernement de ne faire la réfection que d'une seule voie de cette ligne à double voie; de cette façon, nous pourvoirons à la plus grande partie de la dépense par la vente de la seconde voie.

Il y a 117 kilomètres qu'il est urgent de remettre en état et de rendre sûrs.

Les contrats sont déjà passés et en cours d'exécution, aussi bien pour la vente du vieux matériel que pour l'acquisition de 8,000 tonnes de rails neufs à l'usine d'Alais.

Nous avons commencé les travaux les plus urgents avec les rails et les traverses qui étaient dans les dépôts de S. Severino, et qui sont actuellement à notre disposition.

Nous avons prescrit une étude pour les réparations également nécessaires sur la ligne de Florence à Livourne, qui est ancienne, et qui est, sur une grande partie des parcours, dans de mauvaises conditions.

Sur la section de Florence à Orte, comme sur celle de Foligno à Ancône, on pourvoit aux travaux de réparations urgentes, et à l'étude des améliorations nécessaires sur la ligne, à la plateforme, aux ouvrages d'art, aux stations et aux maisons de garde.

Ces travaux rentrent tous dans la catégorie de ceux qui sont prévus par nos conventions avec le Gouvernement, lesquelles déterminent les moyens d'y pourvoir.

Pour les stations, les travaux les plus urgents sont les suivants :

A Florence, nous devons réunir autant que possible les services : nous voulons aussi là l'ordre et l'économie ; nous devons acquérir l'espace qui manque, et qui est indispensable pour notre mouvement commercial. Dans ce but, nous avons repris les négociations déjà entamées avec le municipe de Florence et avec le Gouvernement.

Les négociations ont un double but :

1° La déviation de la partie de la ligne Arétine, actuellement comprise dans l'enceinte de l'octroi, et, par suite, la démolition de notre station de Porta-alla-Croce, laquelle sera remplacée par une simple station d'arrêt pour les voyageurs, située près la barrière du nouvel octroi.

2° L'échange de notre établissement de Valfonda, où se trouve actuellement notre magasin, avec l'établissement de l'ancienne station de la Porta al Prato, où nous pourrons établir le magasin et la station des marchandises, dans des conditions à répondre pleinement à ce double service.

Au moyen de la plus-value des terrains de la plate-forme, et des emplacements à céder à la ville de Florence comparés à ceux que ladite ville devra céder à la Société : au moyen de la part dont elle prendra charge, dans la dépense nécessitée par l'installation de la nouvelle station de Porta al Prato, le Conseil a la confiance de réaliser sans frais cette importante amélioration.

A Livourne, il convient, en réduisant à une seule les trois stations, de limiter les dépenses d'exploitation, de ramener l'ordre qui ne peut exister aujourd'hui, et d'assurer au commerce et au public les avantages qu'ils sont en droit de réclamer de nous, d'autant plus que nos intérêts sont les mêmes.

De même pour Pise, où nous avons trois stations, dont l'une est abandonnée, nous pourrons y centraliser tout notre service dans la seule station des voyageurs qui est entourée de terrains très-vastes.

Nous pourvoirons aux dépenses des changements projetés dans ces deux villes, en très-grande partie par la vente des bâtiments et des terrains qui resteront inutiles, et nous retrouverons compensation et avantage dans une grande économie sur les dépenses d'exploitation.

Quant à Naples, les travaux en cours ou projetés, qui sont réclamés par la nécessité, et par les engagements précis pris envers le Gouvernement, sont les suivants:

*Travaux en cours.* — Complément du bâtiment de la Gare centrale, et de sa grande toiture.

*Travaux en projet.* — Quai des marchandises, remise des voitures, ateliers de réparations.

Ces constructions sont actuellement comprises dans l'ancienne station, à cinq kilomètres de distance.

Les travaux en cours s'exécutent de compte à demi avec la Société des chemins de fer méridionaux. Nous ferons face au complément de ces travaux et de ces projets avec le produit de la vente de l'ancienne station, et des terrains circonvoisins, qui sont estimés à 500,000 lires environ.

Les constructions qui nous sont imposées par les conventions que nous avons déjà plusieurs fois rappelées, sont :

La ligne d'Orvieto à Orte :

La ligne de San Severino à Avellino :

La gare de Rome :

La jonction de notre ligne avec celles des Méridionaux à un point voisin des stations de San Clemente et La Codola.

Les conditions de ces constructions, et les moyens de subvenir à leur dépense, sont exposées dans les conventions qui les concernent, et dont nous vous avons rendu compte.

Pour la ligne d'Orte-Orvieto, les travaux suspendus pendant dix-sept mois, ont été repris le 7 avril : 1,200 ouvriers y sont employés.

Aux termes des contrats stipulés, seront achevés et ouverts à l'exploitation :

Le 30 septembre prochain, 12 kil. 888, entre Orvieto et Castiglione ;

Le 30 novembre, 7 kil. 004, entre Castiglione et Alviano ;

Le 30 juin 1870, au plus tard, 8 kil. 542, entre Alviano et Attigliano.

Nous aurons ainsi achevé et ouvert à l'exploitation toute la section située sur le territoire italien : celle qui est située sur le territoire romain, d'une longueur de 7 kil. entre la Penna et Orte, dépendra des accords à prendre avec le Gouvernement pontifical.

Nous allons en même temps prendre les mesures nécessaires pour arrêter des mouvements de terrain qui se sont produits en plusieurs endroits de la plate-forme terminée.

Le Directeur Général a visité ces travaux le 7 mai et son rapport constate avec satisfaction l'ordre, l'activité avec lesquels ils sont poursuivis, sous l'habile direction de M. le chevalier Tarducci, ingénieur en chef de nos nouvelles constructions.

Nous en hâterons l'achèvement par tous les moyens possibles, et nous aurons ainsi d'un côté la ligne la plus directe et la plus courte entre Florence, Rome et Naples, et d'un autre côté nous donnerons du développement et de l'impulsion au commerce et à l'activité de l'une des plus belles provinces d'Italie. Ainsi se trouvera réalisée la pensée juste et féconde qui a présidé à la création du réseau de la Toscane centrale.

Par la jonction que nous vous proposons, entre notre ligne et celle des Méridionaux, sur un point près de Codola et San-

Clemente, nous voulons non-seulement répondre à une obligation envers le Gouvernement, mais à un intérêt social bien entendu.

Les villes industrieuses et commerciales de Castellamare et de Torre-Annunziata, tirent des Pouilles par Bénévent et Avellino une quantité très-considérable de céréales, qui sont transportées par les moyens ordinaires, à cause du long détour de notre ligne de San-Severino, qui ne se rejoint aux Méridionaux qu'à Naples.

C'est à nous qu'il appartient de ramener ce trafic considérable à un point d'où on puisse le conduire à sa destination, et à l'assurer à de bonnes conditions à notre ligne, avec une dépense minime, par la raison que le tracé, très-facile, ne dépassera pas quatre ou cinq kilomètres sur un terrain en palier.

En fait, notre position est bonne, en ce qui concerne les constructions. Toutes nos lignes sont presque achevées. Nous avons assuré les mesures propres à pourvoir aux réparations et aux constructions qui nous sont imposées, sans aggraver nos charges et sans subir des dépenses imprévues, et lorsque les travaux seront terminés, outre les avantages que nous en retirerons par le fait même de ces achèvements, nous rentrerons dans la pleine disposition des sommes qui sont actuellement engagées pour quelques-uns des plus importants de ces travaux.

## RÉSUMÉ ET CONCLUSION.

Vous connaissez, Messieurs, dans quelles circonstances nous avons assumé la mission honorable et difficile de prendre l'administration de vos intérêts.

Dans ce Rapport, nous avons cherché à vous présenter notre situation avec la plus grande simplicité et la plus grande précision, en ce qui concerne les produits de l'exploitation, l'état des constructions, la manière dont nous avons cherché à opérer la réorganisation de tous nos services, le but auquel tendaient tous nos efforts et nos espérances.

Persuadés qu'au point où nous en sommes arrivés, il faut abandonner la voie des demi-mesures et des expédients, nous persévérerons dans la tâche que vous nous avez imposée, que nous avons acceptée, et qui se résume dans la convention du 30 septembre. Cette convention peut seule nous mettre en mesure de répondre à toutes nos obligations sans aggravation de charges pour nous et pour les autres et peut seule nous remettre dans l'état normal d'une Société, qui, véritablement et pour toutes choses, se suffit à elle-même.

Il ne manque plus à l'exécution complète de cette Convention que nous avons déjà en partie régulièrement exécutée, que la sanction du Parlement, et nous avons la confiance de pouvoir, avec votre appui, surmonter les difficultés, et réparer les préjudices d'un retard qui aujourd'hui ne dépend plus de nous.

Et nous nous sentons d'autant plus le droit de réclamer cet appui, que si nous vous avons nettement indiqué notre but, et les moyens mis en œuvre pour l'atteindre, nous ne vous cachons pas les périls de notre situation si nous ne réussissions pas.

De notre conduite, de ces faits que nous vous avons présentés, soyez maintenant les juges, vous, Messieurs, et le pays avec vous.

# RÉSOLUTIONS

---

### Première résolution.

L'Assemblée générale des actionnaires, vu le rapport des Syndics de l'ancienne section Nord et de l'ancienne Société des Chemins de fer de la Toscane centrale, approuve les comptes présentés, savoir : le bilan général de la Société au 31 décembre 1867 et les bilans partiels suivants :

1° Celui de la section Nord du 1er janvier au 31 décembre 1867;

2° Celui de la sous-section Centrale-Toscane pour l'année 1867;

3° Celui de la section Sud au 31 décembre 1867.

### Seconde résolution.

L'Assemblée générale approuve, ratifie et confirme dans toutes ses parties la délibération du Conseil d'administration du 17 avril 1869, rédigée dans les termes suivants :

« Le Conseil délibère de confier à MM. le chevalier Vicenzo
» Tantini, le chevalier avocat Giuseppe Servadio et l'avocat Dante

» Coen, syndics déjà nommés pour la révision du bilan de » l'année 1867 de la section Nord, la révision du bilan de ladite » section pour l'année 1868, à la condition formelle, et non » autrement ni d'une autre manière, que la présente délibéra- » tion, pour être valable, doit obtenir l'approbation et la ratifi- » cation de l'Assemblée générale des actionnaires, faute de » laquelle la présente délibération restera de nul effet, et le » rapport qui aura été fait par lesdits syndics, conformément » à cette délibération, sera tenu comme nul et non avenu. »

**Troisième résolution.**

L'Assemblée générale des actionnaires, vu le rapport des syndics de l'ancienne section Nord et de l'ancienne Société des chemins de fer de la Toscane centrale, approuve les comptes présentés, savoir : le bilan général de la Société jusqu'au 31 décembre 1868 et les bilans partiels suivants :

1° Celui de la section Nord du 1er janvier au 31 décembre 1868 ;

2° Celui de la sous-section Centrale-Toscane pour l'année 1868;

3° Celui de la section Sud au 31 décembre 1868.

**Quatrième résolution.**

L'Assemblée générale, pour faire disparaître toute espèce de doute et éviter toute interprétation contraire, déclare que les nouveaux statuts approuvés par l'Assemblée générale du 19 octobre 1868 ne sont pas applicables au réseau des voies ferrées situé sur le territoire Pontifical pour lequel réseau les statuts de la Société générale des Chemins de fer romains, en date du 16 août 1856, continueront à être en pleine vigueur; qu'en conséquence, il n'y aura pas lieu à l'échange des 170,000 actions qui constituaient le capital social de la Société générale des Chemins de fer romains et qu'il ne pourra être pris pour le susdit réseau Pontifical aucune disposition contraire aux susdits statuts du 16 août 1856; autorisant le Conseil à agir, en conséquence, suivant le mode qu'il jugera le meilleur pour sauvegarder tous les intérêts sociaux.

### Cinquième résolution.

L'Assemblée générale donne au Conseil d'administration des pouvoirs généraux et spéciaux pour stipuler avec la Ville de Florence et avec le Gouvernement du Roi une convention sur les bases suivantes:

1° Echange entre la Société et le Gouvernement du Roi des locaux appartenant à la Société, situés sur la Via Valfonda, où se trouvent actuellement les magasins généraux, avec l'ancienne station située hors la Porta al Prato, appartenant actuellement au Gouvernement.

2° Déplacement, aux frais de la Ville de Florence, de la partie du chemin de fer comprise entre San-Salvi et la courbe du Mugnone, et de la station actuelle, en dehors de la Porte alla Croce, et leur remplacement par une autre partie de ligne et par une autre station de voyageurs et marchandises à grande vitesse, de l'autre côté du cours du torrent Africo, qui constitue l'enceinte actuelle de l'octroi.

### Sixième résolution.

L'Assemblée générale autorise le Conseil d'administration à procéder, par enchères publiques, à la vente, au prix et aux conditions et stipulations qu'il croira les meilleurs, de l'ancienne gare de Naples et des locaux affectés à Livourne au service des marchandises au lieu appelé la Torretta.

### Septième résolution.

Sont nommés administrateurs, en remplacement de ceux dont les fonctions cessent le 31 décembre 1869 :

MM. D'Amico (commandeur Edoardo),
Benoist d'Azy (vicomte Paul),
Mangani (commandeur Tommaso),
Sacerdoti (chevalier Giacomo),
Maurogordato (chevalier Giorgio),
et Daugny (Charles).

Sont nommés définitivement administrateurs :

M. J. de la Bouillerie, en remplacement de M. Fenzi, démissionnaire ;

M. le comte Anatole Lemercier, en remplacement de M. le vicomte Daru, démissionnaire.

# ANNEXES

# ANNEXE A.

---

## CONVENZIONE

*fra la Società delle Ferrovie dell' Alta Italia e la Società delle Ferrovie Romane con intervinto del Governo Italiano.*

Vista la Convenzione stipulata sotto la data 30 settembre 1868, tra i Ministri dei Lavori Pubblici e delle Finanze del Regno d'Italia e la Società delle Strade Ferrate Romane per la cessione al Governo da parte di essa Società della linea da Firenze a Massa par Pistoia e Lucca, per la retrocessione di quella del littorale Ligure da Massa alla frontiera francese verso Nizza;

Vista la Convenzione in data 4 gennaio 1869, sottoscritta tra i predetti Ministri del Regno d'Italia e la Società ferroviaria dell' Alta Italia, colla quale il Governo ha determinato le condizioni alle quali la Società medesima, appena ottenuta l'approvazione legislativa della citata Convenzione 30 settembre 1868, dovra assumere in via d'appalto l'esercizio di dette linee;

Volendo le parti mandare intanto al effetto quanto venne stabilito nell' articolo 10 dell' anzidetta prima Convenzione, si è tra la Società delle Ferrovie Romane rappresentata dal Comm. Giacomo De Martino Direttore Generale appositamente autorizzato con deliberazione del Consiglio di Amministrazione in date dell' 11 corrente e la Società ferroviaria dell'Alta Italia rappresentata dal sig. Paolo Amilhau Direttore dell' Esercizio delle strade di detta Società autorizzato pure con deliberazione del suo Consiglio d'Amministrazione in dato del 2 (due) marzo 1869 convenuto, stipulato e promesso quanto segue con intervento ed annuenza del R. Governo in persona dei signori Ministri dei Lavori Pubblici e delle Finanze.

6

Art. 1. — La Società delle Romane cede alla Società ferroviaria dell'Alta Italia l'esercizio della linea Firenze-Pistoia-Spezia compresa la diramazione Avenza-Carrara, e dei tronchi della ferrovia Ligure aperti o da aprire all'esercizio, colle loro dipendenze, e ció alle condizioni seguenti:

Art. 2. — In conto e pagamento dei proventi netti di tale esercizio cha apparterranno alla Società cedente, come infra la Società dell'Alta Italia si obbliga:

a) Di anticipare a quella delle Romane, appena avrà adempito alle condizioni stabilite all'articolo 3 della Convenzione 30 settembre 1868 sovra accennata, in oro od in biglietti al corso del cambio del giorno precedente, e mediante l'interese dell'otto per cento, la somma di lire *undici milioni*, la quale dovrà essere integralmente impiegata con intervento ed approvazione del Governo nel pagamento dei debiti scaduti ed urgenti della Società delle Romane.

A questo fine la Società dell'Alta Italia verserà prima della fine del mese corrente la somma anzidetta nella casa del di lei banchiere sig. cav. Orazio Landau in Firenze per essere man mano pagata ai relativi creditori, dietro regolare mandato rilasciato a ciascuno di essi dalla Società delle Romane, e vidimato da un ufficiale governativo appositamente delegato a cui la stessa Società ha già rimesso la nota dettagliata dei debiti anzidetti che si dichiarò approvata dal Governo e che perciò dovrà servire di base agli anzidetti mandati.

b) Di provvedere il materiale mobile necessario per l'esercizio ceduto, come sopra, alla stessa Società dell'Alta Italia.

c) Di eseguire quei lavori che saranno necessarii per la regolarità e sicurezza del servizio.

Si dichiara espressamente che le provviste, ed i lavori di cui ai paragrafi b) e c) saranno previamente approvati dal Governo in conformità di quanto è stabilito nella Convenzione 4 gennaio 1869 tra il Governo medesimo e la Società dell'Alta Italia.

Art. 3. — L'esercizio anzidetto sarà fatto dalla Società dell'Alta Italia alle medesime condizioni e norme e coi medesimi vantaggi rispettivi che vennero stabiliti tra il Governo e la Società dell'Alta Italia per le anzidette linee nella summentovata Convenzione tra il Governo e l'Alta Italia in data 4 gennaio 1869 ed annesso capitolato dei quali la Società delle Romane si dichiara pienamente informata avendone avuto copia. Conseguentemente i conti annuali dell'esercizio saranno dati dalla Società dell'Alta Italia direttamente al Governo nei modi e tempi stabiliti da detta Convenzione.

Fatti dal prodotto lordo i debiti prelievi a termini di detta Convenzione per le spese di mantenimento e di esercizio, saranno imputati nel prodotto netto restante gli interessi all'otto per cento delle somme, come sopra, anticipate o spese per materiale o per lavori, giusta le lettere *a*) *b*) *c*) del precedente articolo, e poscia verranno imputate nel residuo prodotto netto le somme capitali anzidette fino alla totale loro estinzione.

Gli interessi saranno calcolati in oro od in biglietti al cambio per quelle anticipazioni che in tali specie saranno state fatte dalla Società dell' Alta Italia, e saranno pure calcolate in tali specie le stesse anticipazioni capitali.

Nel caso in cui il prodotto netto summentovato non fosse bastante per la estinzione annuelle degli interessi delle somme anticipate, il Governo supplirà alle deficienze colle sovvenzioni chilometriche, dovute alla Società delle Romane in eccedenza a quelle già vincolate altrimenti dalle convenzioni precedenti.

Art. 4. — La cessione dell'esercizio di cui all'art. 1° durerà per tutto il tempo necessario per la compiuta imputazione ed estinzione come sopra, delle somme che saranno anticipate e conseguentemente la Società dell' Alta Italia avrà diritto di ritenere il possesso e di fare l'esercizio delle linee suddette finchè non sia interamente soddisfatta in capitale ed interessi.

Art. 5. — La cessione anzidetta avrà effetto legale immediato, in virtù e dalla data del presente contratto, ma la Società dell' Alta Italia entrerà di propria autorità e senza bisogno di alcuna formalità nel possesso materiale e nell' esercizio effettivo delle linee cedute nel giorno 1° di aprile prossimo venturo.

E nel primo semestre sarà in diritto di servirsi in tutto o in parte del materiale mobile della Società della Romane formante attualmente la dote delle dette strade escluse le locomotive, e ciò tutto mediante quel compenso che sarà concertato tra le due Società, o che in caso di disaccordo sarà stabilito inappellabilmente per mezzo di tre arbitri da nominarsi come verrà stabilito nell' art. 8.

Art. 6. — Qualora non venisse approvata per legge, e perciò non potesse avere la sua esecuzione la Convenzione 30 settembre 1868 stipulata fra i Ministri dei Lavori pubblicci e delle Finanze e la Società delle Strade Ferrate Romane, sarà in diritto codesta Società dopo un anno dalla data della presente Convenzione, e previo il diffidamento di tre mesi, di richiedere a quella dell'

Alta Italia ed ottenere la retrocessione delle linee, di cui le ha ceduto come sopra l'esercizio, a condizione di rimborsarle, un mese prima della ripresa di possesso, la somme di cui la stessa Società dell'Alta Italia rimarrà in disimborso in capitali ed accessorii, e salvo i diritto alla Società dell'Alta Italia di riprendere senza compenzo il proprio materiale mobile.

La Società dell'Alta Italia avrà inoltre per la retrocessione suddetta il diritto al un'indennità corrispondente al decimo del prodotto lordo di un'anno di esercizio determinato sul reddito accertato nel tempo in cui la Società dell'Alta Italia sarà stata nel possesso materiale della strada.

Anche questo decimo dovrà essere pagato un mese prima della ripresa dell' esercizio da parte della Società delle Strade Ferrate Romane.

Art. 7. — Se la Società delle Romane, scaduto il termine di tre anni dalla data della presente Convenzione, non avrà fatto uso del diritto di chiedere la retrocessione a termini dell' articolo precedente, s'intenderà il presente contratto duraturo anche obbligatoriamente per essa per tutto il tempo previsto nell'art. 4, ossia sino alla totale estinzione delle somme come sopra anticipate, e dei loro accessorii.

Art. 8. — Rimane convenuto che al termine del presente contratto ovvero cessando l'Alta Italia dall' esercizio delle linee in forza del diritto riservato alla Società delle Romane conformemente all' art 6, viene fin da ora attribuito e guarentito alla Società predetta dell'Alta Italia il diritto di percorrere coi suoi treni la linea tra *Pistoia* e *Firenze*, non che quello di fare il servizio separato nella stazione di *Firenze*, il tutto a proprie spese mediante quel corrispettivo alla Società delle Romane che sarà convenuto tra le due Società, od in difetto determinato inappellabilmente da tre arbitri da eleggersi uno per parte ed il terzo dal signor Ministro dei Lavori pubblici, ove le due Società non si accordino sulla scelta dell' arbitro medesimo.

Art. 9. — Sarà tra le due Società concordato il luogo ed il modo per fare separatamente nella stazione di *Firenze*, a datare dal giorno della consegna, quella parte di servizio che riguarda la composizione ed il movimento dei treni, la spedizione delle merci a grande e piccola velocità, la distribuzione dei biglietti e la riscossione dei diritti per i trasporti sia in partenza che in arrivo.

In quanto alle due stazioni di *Pisa*, i rispettivi diritti delle due Società restano determinati dal'art. 12 della citata Convenzione 30 settembre 1868.

In caso di discrepanza il Ministro dei Lavori Pubblici deciderà inappellabilmente, riservata la determinazione dei compensi dovuti al giudizio degli arbitri nel modo come sopra stabilito.

Art. 10. — Il debito della Società dell' Alta Italia per il prodotto netto dell' esercizio delle linee cedute, spettante alla Società delle Romane ai termini della presente Convenzione, si dichiara fin d'ora estinto fino a concorrenza degl'interessi convenuti e del capitale delle somme che saranno come sopra anticipate dalla stessa Società dell'Alta Italia, conformemente alle imputazioni sopra stabilite, nè questa ultima Società, o chi per essa, potrà mai per qualsivoglia ragione od eventualità venire obligata a rappresentare o pagare a chicchessia il prodotto netto in tal modo imputato od estinto.

Art. 11. — Ferme tutte le disposizioui degli articoli precedenti si dichiara e si pattuisce, nel solo interesse ed a maggior cautela della Società ferroviaria dell'Alta Italia, che la medesima avrà inoltre le seguenti guarentigie :

1° Resterà surrogata in tutte le ragioni e in tutti i diritti di qualunque sorta spettanti ai creditori che verranno pagati a termini dell'art. 2, lettera *A*, della presente Convenzione, e tale subingresso dovrà essere espressamente dichiarato nei relativi mandati di pagamento e si intenderà acconsentito anche dai detti creditori per il solo fatto della quitanza da essi apposta ai mandati medesimi.

2° Se contro ogni probabilità venisse col tempo, per qualsivoglia motivo ed eventualità, anche impreviste, impugnata con effetto la presente Convenzione, nè la Società delle Romane, nè altri chiunque, potrà mai riprendere il possesso e l'esercizio delle linee di cui nell'art. 1° senza il preventivo reale e compiuto rimborso all' Alta Italia delle somme da essa anticipate e de' suoi accessorii, da eseguirsi tale rimborso collo stesso denaro che dovessero legalmente restituire i creditori che avrebbero incassato rispettivamente le somme anticipate dall'Alta Italia o in altro modo che di ragione.

3° La Società dell'Alta Italia avrà inoltre ipoteca per maggior sicurezza di ogni suo rimborso sulle linee di strada ferrata con tutte le loro dipendenze di cui le fu ceduto l'esercizio a termini dell'articolo primo, la quale ipoteca le viene accordata e concessa colla presente Convenzione, cioè sulla strada ferrata da *Firenze* a *Massa* per Pistoia, Lucca, Pisa, e sui tronchi già costruiti o da costruirsi della linea Ligure da Massa al confine francese per Sarzana, Spezia, Chiavari, Genova, Voltri, Savona ed oltre, con tutte le loro stazioni, materiale fisso ed altre dipendenze di dette strade.

Art. 12. — Venendo approvata per legge la Convenzione 30 settembre

1868 e resa definitiva ed efficace la detta Convenzione, s'intenderà di pien diritto risoluto il contratto presente con effetto retroattivo al giorno in cui la Società dell'Alta Italia avrà assunto l'esercizio delle anzidette linee in forza della presente Convenzione, e l'anticipazione di cui alla lettera *A* dell'art. 1° di questo contratto, si avrà come pagata dalla Società dell'Alta Italia per conto del Governo e rappresenterà parte della somma dovuta dal Governo alla Società delle Strade Ferrate Romane a termini della stessa Convenzione 30 settembre 1868, tenuto il debito conto tra il Governo e la Società delle Romane del pagamento fatto in oro o in biglietti al corso del cambio del giorno precedente, invece di biglietti di banca al loro valore nominale.

Continuerà pero anche in tal caso ad osservarsi il disposto degli articoli 8 e 9 della presente Convenzione, eppercio le disposizioni contenute in detti articoli, avranno in ogni caso il loro pieno effetto tra le due Società per tutto il tempo della durata della concessione appartenente alla Società delle Ferrovie Romane a termini della Convenzione 11 giugno 1864 approvata colla legge 14 maggio 1865.

### Articoli Addizionali.

Art. 1. — Durante l'esercizio fatto dalla Società delle Romane da questo giorno fino alla presa di possesso dell'Alta Italia, la Società esercente dovrà mantenere l'intero corpo stradale, l'armamento, i fabbricati ed accessorii tutti in modo a conservarne ogni parte nello stato in cui attualmente si trova.

Art. 2. — In quanto alle provviste ed oggetti di ricambio e di consumo esistenti sulle linee cedute, si osserveranno esattamente tra le due Società, le medesime disposizioni stabilite coll'art. 8 della Convenzione 30 settembre 1868, fra il Governo e la Società delle Romane.

Art. 3. — Le spese di bollo e di registro della presente Convenzione si dichiarano a carico della Società delle Strade Ferrate Romane.

Sarà pero anche applicabile al presente contratto il disposto dell'art 100 del capitolato d'oneri annesso alla Convenzione 22 giugno 1864 approvato colla lege 14 maggio 1865, trattandosi di contratto fatto in grazia dell'art. 10 dell'altra Convenzione 30 settembre 1868 stipulata tra il Governo e la Società delle Romane.

Intervengono nel presente contratto i signori Ministri dei Lavori Pubblici e delle Finanze e per prestarvi il loro assenso a nome del Regio Governo, con dichiarazione essersi il contratto medesimo concordato e conchiuso di loro accordo e previa deliberazione del Consiglio dei Ministri nel senso e per gli effetti dell'art. 10 della mentovata Convenzione 30 settembre 1868.

Fatta, letta e sottoscritta in triplice originale a Firenze oggi li 12 di marzo 1869 (milleottocentosessantanove).

*Firmati :* P. AMILHAU ;
GIACOMO DE-MARTINO.

*Visto :* L. PASINI,
*Ministro dei Lavori Pubblici.*

*Visto :* L. G. CAMBRAY-DIGNY,
*Ministro delle Finanze.*

# ANNEXE B.

## CONVENTION

*Entre la Société des Chemins de Fer Romains, et*

*1° La Société Générale de Crédit Industriel et Commercial,*

*2° La Société anonyme de Dépôts et Comptes courants de Paris,*

*3° La Banque fédérale de Berne,*

*4° La Banque de Crédit Italien.*

Entre la Société des Chemins de fer Romains, représentée par M. le Commandeur De Martino, son directeur général, agissant en vertu d'une délibération du Conseil d'administration en date du 6 Mars courant,

D'une part;

Et, 1° La Société générale de Crédit industriel et commercial;

2° La Société anonyme de dépôts et comptes courants de Paris;

3° La Banque fédérale de Berne;

4° La Banque de Crédit Italien;

représentées aux fins des prescrites par M. Albert Rostand, ainsi que cela résulte des pouvoirs spéciaux dont il a donné communication à la Société des Chemins de fer Romains,

D'autre part;

a été exposé ce qui suit :

La Société des Chemins de fer Romains a fait connaître que, par une convention, en date du 30 Septembre dernier, laquelle après avoir été approuvée par l'Assemblée générale des actionnaires du 19 Octobre dernier, doit être incessamment soumise à l'approbation du Parlement italien, elle a vendu au Gouvernement italien la ligne de Florence à Massa par Pistoia et Lucques, moyennant le prix de trente-cinq millions de lires; que, de plus, elle a abandonné en faveur dudit Gouvernement ses droits à la concession de la ligne de Massa à la frontière française; et, que la somme provenant de cette rétrocession, serait remboursée par l'État jusques à concurrence de dix millions de lires, ce qui fera monter à une somme totale de quarante-cinq millions de lires, les ressources extraordinaires que la Convention du 30 Septembre met à la disposition de la Société des Chemins de fer Romains; que l'échéance pour le paiement de cette somme par le Trésor italien a été fixée d'après l'article 9 de la Convention du 30 Septembre, ainsi qu'il suit :

La moitié des dix millions provenant de la rétrocession doit être payée dans le courant de l'année de la signature de la Convention, c'est-à-dire comptant, puisque l'année 1868 est aujourd'hui expirée sans que la sanction du Parlement ait permis à l'État de remplir l'engagement qui résulte des termes de la Convention du 30 Septembre; l'autre moitié des dix millions de lires, soit cinq millions, doit être payée dans le courant de l'année 1869. Quant aux trente-cinq millions de lires provenant de la vente de la ligne de Florence à Massa, l'État s'est engagé à les payer en divers termes conformément à l'article 9 de la Convention du 30 Septembre ainsi conçu :

« Il regio governo pagherà la somma indicata di trentacinque milioni in rate « annue di lire nove milioni ciascuna, comprensive tali rate degli interessi « al 6 per cento sulla somma che resterà di mano in mano dovuta, e la « restante parte in conto del capitale.

« La scadenza della prima rata viene stabilita al trentuno Dicembre dell'anno corrente, ovvero quindici giorni dopo la promulgazione della legge, qualora la « Convenzione non avesso ricevuto entro l'accennata epoca la definitiva san- « zione del Potere legislativo. Le altre rate saranno pagate per metà al trenta « Giugno, e per metà al trentuno Dicembre di ogni anno, a cominciare dall'anno « mille ottocento sessantanove fino all'ultimo che sarà formato col residuo « capitale dovuto, e relativi interessi. »

Ces ressources, jointes à d'autres, étant spécialement destinées dans les termes de la Convention du 30 Septembre, à certains créanciers de la Société des Chemins de fer Romains, le Gouvernement a exigé que la note détaillée de ces créanciers, auxquels les sommes ci-dessus désignées sont spécialement affectées, et qui doivent être directement payées par l'État, conformément à l'article 9 de ladite Convention du 30 Septembre, fût annexée à cette Convention et figurât au nombre des documents qui doivent l'accompagner lors de sa présentation au Parlement.

Enfin la Convention du 30 Septembre a établi que, dans le but de permettre à la Société des Chemins de fer Romains de satisfaire à des dettes urgentes, le Gouvernement s'est réservé, même avant d'avoir obtenu l'approbation du Parlement, de faire directement ou indirectement quelques avances à la Société, en prenant pour gage de ses avances l'exploitation des lignes qui ont été aliénées ou rétrocédées en vertu de ladite Convention du 30 Septembre.

Conformément à ce qui précède, il a été préparé avec le consentement et la participation de MM. les Ministres des Finances et des Travaux Publics, entre la Société des Chemins de fer Romains et la Société de la Haute-Italie, une Convention ayant pour objet l'exploitation de la ligne de Florence à la Spezia, y compris l'embranchement d'Avenza à Carrara, ainsi que des sections actuellement exploitées ou qui seront ouvertes sur la ligne de la Ligurie.

De plus, la Compagnie de la Haute-Italie se substituant aux engagements de l'État en ce qui concerne l'exécution de l'article 10 de la Convention du 30 Septembre, s'est engagée à avancer à la Société des Chemins de fer Romains, sur les produits de ladite exploitation, et aux conditions déterminées par le contrat dont il s'agit, une somme de onze millions de francs qui doit être employée (Art. 1er) à payer les dettes les plus urgentes de la Société, conformément au règlement qui sera approuvé par le Gouvernement.

La même Convention a déterminé la situation respective des deux Sociétés dans la double hypothèse de l'approbation ou du rejet de la Convention du 30 Septembre par le Parlement italien.

La Société des Chemins de fer Romains a cru devoir, par suite de la situation qui vient d'être exposée, s'adresser à ses créanciers afin d'obtenir leur concours pour la réalisation de la Convention du 30 Septembre, conformément à l'article 6 de ladite Convention et afin qu'ils sanctionnent par de nouveaux accords tout ce que cette Convention pourrait avoir de contraire aux traités et Conventions antérieurs.

Elle a demandé de plus que ces nouveaux accords ayant pour objet de régulariser la situation de la Compagnie de la Haute-Italie, tant à raison de l'anticipation de onze millions qu'elle a consenti à faire et de l'usage qui sera fait de la somme avancée, que par la reconnaissance formelle de la part des créanciers des conditions consenties en faveur de la Compagnie de la Haute-Italie, comme garantie de la somme qu'elle doit avancer.

En conséquence de ce qui précède, les établissements ci-dessus dénommés, après avoir pris connaissance des Conventions ci-dessus mentionnées et la Société des Chemins de fer Romains sont convenus de ce qui suit :

Art. 1er. — Les Établissements créanciers approuvent, en ce qui les concerne, l'avance de onze millions de francs que la Compagnie des Chemins de la Haute-Italie s'est engagée à faire à la Société des Chemins de fer Romains et reconnaissent le mode de remboursement de cette avance tel qu'il est établi par la Convention préparée entre les deux Sociétés.

Ils s'engagent, en conséquence, à ne pas contester à la Compagnie de la Haute-Italie les droits qui dérivent en sa faveur de ladite Convention.

L'approbation qui précède est pourtant expressément subordonnée à l'exécution des conditions suivantes :

*A*) La première, c'est que sur les onze millions avancés par la Compagnie de la Haute-Italie soit prélevée la somme nécessaire pour que le paiement régulier des coupons d'obligations de la Société Romaine soit repris.

*B*) La seconde, c'est que le chiffre des créances de chaque établissement, tel qu'il résulte des comptes arrêtés entre la Société des Chemins de fer Romains et les établissements créanciers, soit définitivement fixé à la somme totale de vingt-deux millions neuf cent dix-neuf mille huit cent quatre-vingt trois francs et trente-cinq centimes, valeur trente et un décembre dernier. Cette somme, payable à Paris, aux termes des traités et Conventions antérieurs, est répartie ainsi qu'il suit entre les divers établissements : Société

| | | |
|---|---|---|
| Générale de Crédit Industriel et Commercial | Fr. | 7.283.193 70 |
| Société de Dépôts et Comptes Courants | » | 7.284.104 15 |
| Banque de Crédit Italien | » | 5.966.855 60 |
| Banque fédérale de Berne. . . . . . . . | » | 2.385.729 90 |
| Total | Fr. | 22.919.883 35 |

*C*) La troisième, c'est qu'il soit préalablement justifié que le chiffre de la créance de chaque établissement, déterminé ainsi qu'il est dit ci-dessus, est intégralement porté sur l'état général de la dette de la Société des Chemins de fer Romains, lequel état doit être arrêté avec le concours d'un délégué du Ministre des finances, et annexé à la Convention du 30 Septembre, conformément à l'art. 6 de ladite Convention.

*D*) La quatrième, enfin, est que la Société des Chemins de fer Romains paie aux établissements financiers la somme de huit cent mille francs, au moins, à valoir sur les sommes qui leur sont dues, ces paiements devant avoir lieu aussitôt que la Société des Chemins de fer Romains aura touché une somme, quelle qu'elle soit, sur l'avance qui doit lui être faite par la Compagnie des Chemins de fer de la Haute-Italie.

Art. 2. — Sous réserve de l'approbation, par les pouvoirs publics, de la Convention du 30 Septembre, les établissements acceptent le mode et les délais de paiement qui résultent de ladite Convention du 30 Septembre, entre la Société des Chemins de fer Romains et l'État. Ce consentement est toutefois subordonné à l'obligation de la part de la Société des Chemins de fer Romains de se conformer, quant à ce qui concerne sa situation à l'égard de ses autres créanciers, aux stipulations de la Convention du 30 Septembre.

Art. 3. — En paiement de la somme dont la Société des Chemins de fer Romains demeurera débitrice, cette dernière remettra aux établissements financiers des délégations sur le Gouvernement italien, comprenant le capital de leurs créances et les intérêts calculés semestriellement à raison de cinq pour cent l'an, sans aucune commission depuis le 1er janvier 1869.

Lesdites délégations, réparties au marc le franc entre les divers établissements, seront exigibles comme suit :

En 1869, aux diverses échéances déterminées par la Convention du 30 Septembre........................................ de 10 à 12,000,000

En 1870........................................ de 5 à 6,000,000

En 1871........................................ de 5 à 6,000,000

Ces dernières délégations, à l'échéance de 1871, devront comprendre le solde dû par la Société des Chemins de fer Romains, afin que la dette de cette dernière soit définitivement liquidée au moment de la remise des délégations en capital et intérêts.

Art. 4. — La loi portant homologation de la Convention du 30 Septembre et de la liste des créanciers y annexée, valant reconnaissance par l'État du droit des établissements au montant des délégations de la Société des Chemins de fer Romains émises en vertu de l'art. 9 de la Convention du 30 Septembre 1868, lesdites délégations dont il est question à l'article précédent seront remises aux établissements financiers dès que la Convention du 30 Septembre aura été approuvée par les pouvoirs publics italiens.

Art. 5. — Si les délégations fournies par la Compagnie sur le Gouvernement italien, et visées par lui, sont payables en lires italiennes et non en or, la Société des Chemins de fer Romains demeurera responsable de la différence du change, sa dette envers les établissements étant exigible à Paris. A cet effet, la différence à la charge de la Société sera établie à chaque paiement des bons de délégation, d'après le cours du change de Florence sur Paris, et immédiatement remboursée par la Société des Chemins de fer Romains, à chacun des établissements créanciers pour la part le concernant.

Art. 6. — Au moment de la remise entre les mains des établissements des bons de délégation dont il est question aux art. 3 et 4 ci-dessus, ceux-ci remettront à la Société des Chemins de fer Romains les obligations de cette Compagnie qu'ils auront reçues en nantissement, aux termes des conventions antérieures.

Art. 7. — Si la Convention de Septembre n'était pas approuvée par les pouvoirs publics italiens, le présent traité deviendrait nul et sans effet, si ce n'est en ce qui concerne le recouvrement des onze millions avancés par la Société de la Haute-Italie, conformément à ce qui est dit dans l'article 1er ci-dessus.

Pour tout autre objet, les parties contractantes rentreraient dans la plénitude de leurs droits et de leurs obligations respectives, tel que ces droits et ces obligations existent actuellement en vertu des traités, conventions, priviléges et nantissements antérieurs.

Art. 8. — Au moment de la remise des délégations sur le Trésor italien, les établissements créanciers s'engagent à réduire de six à cinq pour cent l'an l'intérêt sur les sommes qui leur sont dues pour le second semestre de 1868.

La bonification de demi pour cent ainsi accordée par les établissements sera calculée et déduite du chiffre dû par la Société à l'échéance du 31 Décembre 1868.

De plus, la Banque de Crédit Italien s'engage, à défaut des autres établissements, à accorder à la Société des Chemins de fer Romains une réduction sur le chiffre de sa créance de la somme nécessaire pour que le montant des intérêts calculés à 5 0/0 l'an depuis le 1er Juillet 1868 jusqu'à l'extinction des dettes, comme il est dit dans la présente Convention, présente en faveur de la Société Romaine une différence totale de sept cent mille francs, avec le résultat de calculs d'intérêts, s'ils étaient établis à 6 0/0 l'an.

Il est toutefois formellement convenu que ces concessions sont purement conditionnelles et qu'elles n'auraient aucun effet si la présente Convention ne recevait pas, pour quelque cause que ce fût, sa pleine et entière exécution.

Fait à Florence en cinq originaux, le 6 Mars 1869.

*Signé :* Giacomo de Martino.

Alberto Rostand, *au nom des établissements ci-dessus dénommés et me portant fort au besoin.*

Adriano Mari, *testimone.*

Philippe Michon, *témoin.*

# ANNEXE C.

## CONVENZIONE

*fra il R. Governo, la Società delle Ferrovie Romane e l'Impresa Fiocca e de Rosa.*

CONVENZIONE *per la liquidazione e transazione di ogni questione riguardante il contratto per la costruzione del tronco di ferrovia da S. Severino a Solofra; tra il Ministero dei Lavori pubblici, la Società delle Strade Ferrate Romane e l'Impresa Fiocca e de Rosa.*

Ritenuto in fatto :

Che con instrumento in data 15 Maggio 1862, ricevuto in Napoli dal notajo certificatore Michele Pascarella, ivi registrato nel giorno 16 stesso mese (lib. 1°, vol. 842, fol. 22, cas. 4, grana 80, col pagamento di lire 7. 99) i signor Ingegnere Giustino Fiocca e Tommaso De Rosa assunsero in solido dal Governo italiano lo appalto della costruzione del tronco die ferrovia da Sanseverino a Solofra e con successivo instrumento 12 Giugno stesso anno, ricevuto pure dal notajo Michele Pascarella e registrato a Napoli il 14 detto mese (lib. 1°, vol. 1°, fol. 36 cas. 2ª, col pagamento di lire 1.53) accettarono alcune modificazioni e spiegazioni prescritte dal Ministero intorno all' anzidetto appalto,

Che coteste due Convenzioni furono approvate con Decreto Reale 18 Giugno 1862.

Che coll' articolo 28 della Convenzione 22 Giugno 1864 approvata con la legge 14 Maggio 1865, la Società delle Strade Ferrate Romane venne sostituita allo Stato per quanto concerne la esecuzione delle due convenzioni sopracitate;

Che però l'Impresa Fiocca e De Rosa non volle mai riconoscere la sostituzione sopra indicata, ed esercito sempre direttamente contro lo Stato le sue azioni dipendenti da quelle convenzioni, ottenendo contro di lui diverse sentenze di condanna a pagamento, ed ottenendone recentemente una dal Tribunale Civile e Correzionale di Firenze in data 28, 30 Dicembre 1868, ivi registrata il 16 Gennaio 1869 (reg. 25, fol. 93, n° 322, col pagamento di lire 304. 70) e notificata al Ministero nel giorno 19 detto mese di Gennaio, colla quale sentenza sulle conclusioni conformi del Pubblico Ministero, rejetta ogni contraria eccezione, fu condannata l'Amministrazione generale dei Lavori pubblici a pagare all'Impresa la somma di lire 251,780. 36 cogli interessi e colle spese, si e come risulta dalla Sentenza stessa, rinviando al procedimento formale la causa fra l'Impresa, l'Amministrazione dei Lavori pubblici, e la Società delle Strade Ferrate Romane, per gli altri capi di disputa;

Che il Ministero dei Lavori pubblici con nota delli 11 Febbraio 1869, Divisione 7ª, nº 6500/392, manifesto alla Direzione generale delle Strade Ferrate Romane il suo divisamento di ordinare d'uffizio lo scioglimento dell'anzidetto contratto di appalto prevalendosi a questo fine delle facoltà attribuitegli dalla legge sui Lavori pubblici, e la detta Direzione generale, coerentemente alle deliberazioni del Consiglio d'Amministrazione delle Società summentovata, notifico al Ministero la propria adesione ad un tale scioglimento, manifestandogli nello stesso tempo che cio avvenendo avrebbe preferito nello interesse della Società di accertare e liquidare in via stragiudiziale ed amichevole le competenze dell'Impresa, onde evitare i ritardi, le spese e le eventualità di un accertamento e di una liquidazione che avessero a farsi giudicialmente;

Che dietro cio il Ministero con decreto 13 Marzo 1869 dichiaro risolte a partire da quel giorno le anzidette due Convenzioni con riserva agli appaltatori signori Fiocca e De Rosa, dei diritti previsti dall'articolo 345 della Legge sui Lavori pubblici del 20 Marzo 1865 conforme all'art. 205 di quella del 20 Novembre 1859 (Nº 3054), e tale risoluzione la dichiaro, sia perchè la negata ricognizione dell'anzidetta sostituzione avea prodotto e produceva complicazione e litigi che avevano impedito e impedivano tuttora il regolare procedere dei lavori, sia perchè, onde assicurare la più pronta e più facile esecuzione delle opere che ancora rimangono ad ultimarsi, il Governo aveva riconosciuto la necessità di ricorrere ad un sistema più economico, abbandonando le basi del contratto d'appalto anzidetto et sostituendovi progetti meno costosi;

Che comunicato all'Impresa il summentovato decreto ministeriale in persona del signor Ingegnere cav. Giustino Fiocca e del signor Giovanni Pastore, quest'ultimo come rappresentante dell'altro titolare Tommaso De Rosa, in forza dell'atto di procura 24 Gennaio 1867 ricevuto in Napoli dal notaio certificatore Giuseppe Amodio, ivi registrato nello stesso giorno col diritto di archivio in centisimi 43 e depositato negli atti del notaio Stanislao Tenore in Mercato S. Severino, come da istromento da lui ricevuto nel giorno 30 Gennaio 1867 e registrato a S. Severino nel giorno successivo (Modulo 1º, vol. 7º, fol. 114, colla tassa di lire 3. 73) ed invitati i medisimi ad accertare e liquidare stragiudizialmente ed amichevolmente, giusta il desiderio come sopra espresso dalla Società delle Strade Ferrate Romane, ogni loro competenza a seguito e per effetto dell'anzidetta decretata risoluzione del loro contratta di appalto, dichiararono di prestarsi a tale invito, con che pero rimanese salva ed impregiudicata la loro azione contro il Governo per il conseguimento di quanto venisse accertato e liquidato a loro favore, e rimanesse pur salvo ed impregiudicato il loro diritto di conseguire quanto era stato loro aggiudicato coll'anzidetta sentenza del Tribunale civile di Firenze 28, 30 Dicembre 1868;

Che a seguito di cio dopo lunghe discussioni et dopo i più accurati conteggi, anche in relazione alle resultanze delle verificazioni eseguitesi sulle linee dei lavori per ordine del Governo, si è convenuto e stabilito, come si conviene e si stabilisce anche in via di transazione tra la detta Impresa Fiocca e De Rosa rappresentata come sopra, la Società delle Strade Ferrate Romane rappresentata dal suo Direttore generale Commendatore Giacomo De Martino appositamente autorizzata dal Consiglio di Amministrazione con deliberazione in data 20 Marzo 1868 e l'Amministrazione generale dei Lavori pubblici rappresentata dal signor Commendatore Giuseppe Bella, segretario generale, quanto segue.

Art. 1. — Il credito residuale dell'Impresa Fiocca e De Rosa, a saldo e compimento del prezzo di tutti i lavori fin qui eseguiti tanto verificati quanto non verificati, tanto compresi quanto non compresi nei certificati rilasciati dagli agenti governativi, per l'appalto della costruzione del tronco di ferrovia da San Severino a Solofra, in dipendenza delle due convenzioni 15 Maggio, 12 Giugno 1862 a rogito Pascarella, approvate col Decreto Reale 18 Giugno dello stesso anno, il quale credito dagli anzidetti certificati ascenderebbe a lire italiane duecentocinquantacinquemila settecentosettantasei e centesimi trentasei, oltre lire dodicimila circa per lavori non compresi nei certificati stessi, si dichiara ridotto in lire italiane 80,000 e cio in via di transazione per le risultanze delle quantità in meno di cui nei verbali di ricognizione della Commissione incaricata amministrativamente della recognizione medesima per quanto possano essere giustamente apprezzate.

Art. 2. — Oltre la somma indicata nell'articolo precedente è accreditata all'anzidetta Impresa, a titolo sempre di transazione un'altra somma di lire italiane 88,000 in compenso ed a tacitazione delle sue ragioni e pretese pei danni provenienti dalla sospensione dei lavori, per spese giudiziali e per interessi fino al presente giorno.

Art. 3. — Oltre le somme indicate nei due articoli precedenti è accordata all'Impresa Fiocca e De Rosa un'altra somma di lire italiane 72,000 come prezzo dei cantieri, degli attrezzi e materiali descritti in nota apposita firmata dalle parti ed unita alla presente.

Art. 4. — Oltre le somme indicate nei tre articoli precedenti è stabilita ed accettata respettivamente a favore dell' Impresa Fiocca e De Rosa un'altra somma di lire italiane 400,000 corrispondenti al dieci per cento sopra le lire quattro milioni, a cui d'accordo delle parti si è convenuto in modo definitivo ed invariabile dietro i calcoli e gli apprezzamenti di persone competenti a tal uopo consultate, che ascende l'ammontare dei lavori che resterebbero ancora da eseguirsi a compimento dell'anzidetto appalto, ove questo non fosse stato risolto col summentovato decreto del Ministero dei Lavori pubblici in data 13 marzo 1869 e la detta somma di lire 400,000 in compenso ed a saldo di ogni indennità per causa di detta risoluzione.

Art. 5. — Conseguentemente l'attuale credito finale dell'Impresa Fiocca e De Rosa è stabilito ed accettato respettivamente nella complessiva somma capitale di lire italiane 640,000 che sarà pagato all'Impresa interamente nella prima quindicina di Luglio prossimo.

Art. 6. — Nell'anzidetto complessivo credito dell'Impresa Fiocca e De Rosa sarà imputato quanto sarà pagato dal Governo in esecuzione della sopraccennata sentenza del Tribunale civile di Firenze 28, 30 dicembre 1868, tanto in capitale, quanto per interessi e spese, e salvo una tale imputazione avrà tutta la sua forza e la sua esecutorietà la sentenza medesima che si dichiara accettata da tutte le parti senza alcuna novazione per effetto della presente convenzione.

Art. 7. — Il pagamento di quanto è dovuto all'Impresa Fiocca e De Rosa ai termini della presente Convenzione sarà eseguito dal Governo entro la prima quindicina del prossimo Luglio con mandati a favore delli signori Ingegnere cav. Giustino Fiocca e Giovanni Pastore o a favore di chi venisse dai medesimi delegato con atti regolari e legali notificati in tempo utile al Governo, ed ogni pagamento che verrà fatto dal Governo obbligato direttamente verso la detta Impresa, s'intenderà fatto per conto della Societa delle Strade Ferrate Romane e verrà calcolato a debito della Società stessa nel regolamento dei suoi conti col Governo.

Art. 8. — Saranno inoltre svincolati e restituiti agli anzidetti signori Fiocca e Pastore o a chi venisse da essi legittimamente delegato, i titoli di rendita pubblica dello Stato assoggettati a cauzione e garanzia degli obblighi assunti dall'Impresa Fiocca e De Rosa per la escuzione delle mentovate convenzioni 15 maggio et 12 giugno 1862 a rogito Pascarella.

Art. 9. — Mediante tutto quanto sopra si dichiara tacitata ed estinta ogni respettiva azione, ragione e pretesa in dipendenza delle anzidette convenzioni.

Art. 10. — Tutti gli articoli della presenta convenzione si dichiarano correlativi e correspettivi in guisa tale che formano un insieme indivisibile.

Art. 11. — Le spese di registro della presente convenzione si dichiarano a carico della parte debitrice. Epperò sarà questa registrata nel termine dalla legge stabilito a cura della parte più diligente, ma a spese della Società delle Strade Ferrate Romane, e coll'esenzione del pagamento del diritto proporzionale ai termini dell'articolo 100 della sua convenzione col Governo in data 22 giugno 1864 approvata colla Legge 14 maggio 1865, N° 2279.

Fatta la presente in tre originali e previa lettura approvata, accettata e sottoscritta da tutte le parti in Firenze nel giorno ventitrè marzo milleottocentosessantanove.

*Firmato* : Bella,
G. De-Martino N. N.,
Giovanni Pastore,
Giustino Fiocca.

## NOTA

*degli attrezzi esistenti sulla ferrovia da San Severino a Solofra da consegnarsi dall'Impresa a mente dell'Art. 3° della Convenzione in data d'oggi.*

| | | |
|---|---|---|
| 1° Un Cantiere in fabbrica in San Severino, ed altri Casotti lungo la linea | L. 18.000 | » |
| 2° Macchina locomotiva con tender riparata a nuovo | 22.000 | » |
| 3° Numero 33 Vagons di terassement in buono stato di servizio | 22.000 | » |
| 4° Numero 15 Vagons disarmati pronti ad essere montati | 6.000 | » |
| 5° Un Vagon carro per trasportare persone tutto montato | 1.000 | » |
| 6° Carriuole, carri a mano, carri diversi esistenti in Cantière lungo la linea | 3.000 | » |
| Totale . . L. | 72.000 | » |

Firenze, addì 23 Marzo milleottocentosessantanove.

*Firmato* : Bella.
G. De Martino.
Giustino Fiocca.
Giovanni Pastore.

PATTI ADDIZIONALI *al contratto di liquidazione e transazione stipulato in data d'oggi tra il Ministero dei Lavori pubblici, la Società delle Strade Ferrate Romane e l'Impresa Fiocca e De Rosa.*

ART. 1. — L'Impresa Fiocca e De Rosa dovrà consegnare tra quindici giorni dalla data del presente atto alla Società delle Strade Ferrate Romane con intervento di un Delegato governativo :

*a*) Tutti i materiali, pietre, mattoni, calce, legnami per servizio temporario e definitivo per quanti esistono sia nei cantieri, sia lungo i lavori ;

*b*) Gli atrezzi e mezzi d'opere e di trasporto descritti nella nota indicata nell'articolo terzo dell'anzidetta Convenzione in data d'oggi, il tutto in stato di servizio ;

*c*) Le quantità delle traverse in legno, e dei ferri per l'armamento della via, cioè delle ruotaje, piastre, stecche d'unione, chiavarde, arpioni e chioderie comprese nei certificati di pagamento rilasciati prima d'ora dagli ufficiali governativi.

Fatte le dette consegne s'intenderà immessa di pieno diritto la Società delle Strade Ferrate Romane nel posesso, godimento e disponibilità della Strada e di tutte le opere e materiale suddetti senza bisogno di alcun' altra formalità.

ART. 2. — L'Impresa Fiocca e De Rosa dovrà inoltre presentare a tutto maggio prossimo i documenti comprovanti di avere tacitati e soddisfatti i proprietarii espropriati per le quantità dei terreni occupati dai lavori eseguiti ed in corso di esecuzione, ed in difetto ne risponderà in proprio rimpetto al Governo ed alla Società delle Romane.

ART. 3. — Lo svincolamento e la restituzione dei titoli di cauzione di cui nell'art. 8° della Convenzione anzidetta, avranno luogo appena la Impresa Fiocca e De Rosa avrà adempito agli obblighi espressi nei presenti patti addizionali.

Fatti, letti e sottoscritti in Firenze nel giorno ventitrè Marzo milleottocentosessantanove.

*Firmato* : BELLA.
G. DE-MARTINO N N.
GIUSTINO FIOCCA.
GIOVANNI PASTORE.

# ANNEXE D.

## CONVENZIONE

*fra il R. Governo e la Società delle Ferrovie Romane in esecuzione agli art. 2° e 3° della Convenzione 30 Settembre 1868.*

L'anno 1869 a di 26 del mese di Aprile in Firenze.

Fra i Ministri dei Lavori Pubblici e delle Finanze contraenti in nome dello Stato, ed il commendatore Giacomo de Martino, Direttore generale della Società delle Strade Ferrate Romane, contraente in nome, e quale rappresentante della Società suddetta, in virtù dei poteri avuti dal Consiglio di Amministrazione della suindicata Società con deliberazione del 22 Marzo del corrente anno, si è convenuto e stipulato quanto appresso in esecuzione degli articoli 2 e 3 della Convenzione 30 Settembre 1868.

Art. 1. — Il conto di debito e di credito tra lo Stato e la Società per le cause indicate nell'articolo 2 della Convenzione 30 Settembre 1868, e per gli effeti ivi accennati rimane invariabilmente fissato nelle cifre seguenti :

*a*) Per le differenze riguardanti la garanzia sulla linea Bologna-Ancona dal giorno della sua apertura all'esercizio sino al 14 Maggio 1865, è accreditato alla Società delle Strade-Ferrate Romane, fra capitale ed interessi, conteggiati a norma della lettera *E* dell'anzidetto articolo 2, sino al 30 Giugno 1868, giusta l'articolo 9, e fatta già imputazione in dette differenze delle lire un milione, seicento trentadue mila state pagate in conto delle differenze medesime, cioè L. 1,000,000 con Mandato N° 4 in data 23 Luglio 1863, e L. 632,000 con Mandato N° 5 in data 26 Novembre 1863, è accreditato, dicesi, la somma di L. 9,931,457 48 come dall'allegato *A* che si unisce alla presente Convenzione.

*b*) Per le somme messe a carico della Società in dipendenza dell'acquisto della linea da Genova a Voltri calcolato ugualmente pel capitale ed interessi, conteggiati come sopra, sono accreditate alla Società medesima L. 1,337,893 67.

*c*) Per le somme ritenute sulle sovvenzioni chilometriche per gli interessi della rendita emessa onde far fronte al pagamento dei lavori della ferrovia Ligure dopo la Convenzione 11 Ottobre 1866 approvato con Decreto Reale del giorno stesso per capitale ed interessi conteggiati sempre come sopra, sono accreditate alla Società italiane L. 3,323,400 25.

*d*) Per le sovvenzioni pagate dal Governo alla Società per i tratti della ferrovia ligure aperti all'esercizio e della linea di Voltri, a partire dal 14 maggio 1865, fino al 30 Giugno 1868, è accreditata al Governo, e addebitata alla Società tra capitale ed interessi, conteggiati come sopra la somma di L. 2 376,281 06.

Conseguentemente il conto di debito e di credito tra lo Stato e la Società per le cause indicate nello articolo della Convenzione 30 Settembre 1868, si dichiara sistemato e chiuso a tutto il 30 Giugno 1868, con un credito fisso invariabile di it. L. 12,216,470 34 a favore della Società delle Strade Ferrate Romane.

Art. 2. — Il conto di debito e di credito tra lo Stato e la Società per tutte le liti e per ogni compenso e pretesa della Società verso il Governo, e per tutte le dimande e tutti i rimborsi a cui il Governo medesimo può avere diritto per lavori e spese fatte, come allo articolo 3 della Convenzione 30 Settembre 1868 è stabilita invariabilmente in via di transazione nelle cifre seguenti :

*a*) A transazione di tutte le liti mosse dalla Società contro il Governo e di tutte le altre sue dimande e pretese non ancora proposte in giudizio, è accreditato alla Società, la somma complessiva di italiane L. 2,668,187 94 mediante la quale si dichiarano cessate tutte le dette liti, e tacitate tutte quelle dimande e pretese.

*b*) Le dimande dei rimborsi a cui ha diritto il Governo per lavori e spese fatte, sono determinate nella somma complessiva invariabile di italiane L. 1,890,917 25, la quale è composta dalle quantità indicate per ogni articolo.

*c*) Le differenze per le garanzie della linea Ceprano-Napoli sino al 14 Maggio 1865 inclusivamente sul cui ammontare vi era disaccordo tra il Governo e la Società, rimangono determinate in via di transazione nella somma complessiva ed invariabile di italiane L. 1,006,258 97 a favore della Società, escluso ogni conteggio a titolo d'interesse, non potendosi estendere a tali differenze non mai liquidate prima d'ora, il patto speciale contenuto nell'articolo 2 lettera *e*) della Convenzione 30 Settembre 1868.

Conseguentemente dal confronto dei corrispettivi accreditamenti indicati nel 2° art. risulta a favore della Società un credito a bilancio del'a somma di italiane L. 1,783,529 66.

Art. 3. — Per effetto delle disposizioni dei precedenti due articoli il credito finale e complessivo della Società resta determinato al 30 giugno 1868 nella somma di ital. Lire quattordici milioni da erogarsi e pagarsi ai termini degli art. 4 e 5 della Convenzioni del 30 settembre 1868, con dichiarazione però che per quattro milioni eccedenti i dieci da pagarsi a norma dell'art. 9, sarà fatta preferibilmente la loro erogazione per lavori e provviste necessarie ed urgenti; in quanto la necessità ed urgenza loro sia riconosciuta dal Governo senza che tale somma possa andare soggetta a variazioni in più o in meno per qualsivoglia ragione o pretesto, ritenendosi siccome il risultato finale di una complessiva ed indivisibile transazione.

Art. 4. — Si dichiara però che nei respettivi conti di credito e di debito, di cui negli articoli precedenti non è stato compreso il milione di Lire italiane anticipato dal Governo alla Società in data 28 maggio 1866 con riservo mediante emissione ed alienazione per conto di detta Società di una corrispondente quantità di nuove obbligazioni maremmane da servirsi ed ammortizzarsi a debito della Società medesima, cosicchè il Governo rimane sempre in facoltà di fare emettere ed alienare le dette obbligazioni fino al compiuto suo rimborso, ma finchè non userà di questa sua facoltà sarà in diritto di trattenere annualmente sulle sovvenzioni chilometriche dovute alla Società a partire dal 1° luglio 1868, quanto rappresenti l'interesse in ragione del 6 0/0 all'anno, e l'ammortamento annuale durante il restante tempo della relativa concessione della detta somma di lire un milione.

Art. 5. — Riguardo la questione tra la Società ed il Governo intorno alla vecchia Stazione di Napoli che si conviene che il suo valore da determinarsi in relazione al tempo in cui quel fabbricato serviva ad uso di Stazione dovrà esser compreso nel rimborso a farsi a norma dell'art. 4 della Convenzione 29 Maggio 1861. Qualora però non si verificasse l'intero rimborso del valore anzidetto, non potendo la Società alla fine della concessione più restituire in natura la detta Stazione, sarà invece dovuto allo Stato la relativa somma non rimborsata nel modo anzidetto. Ciò meditante resta anche cessata la lite vertente relativamente alla Stazione stessa, e la Società potrà disporne e resterà libera da ogni vincolo d'ipoteca a favore dello Stato.

Art. 6. — Si dichiarano escluse dalle disposizioni dell'art. 3 dell'anzidetta Convenzione 30 Settembre 1868 le liti o controversie avendo le parti riconosciuto e stabilito che le medesime non sieno della natura di quelle contemplate nell'articolo stesso, e perciò resteranno integre ed illese le respettive ragioni al riguardo nè potranno conseguentemente esser comprese nella renunzia e nell'abbandono di cui nella disposizione finale di detto articolo.

Art. 7. — È formalmente dichiarato e stabilito come condizione indeclinabile che nessuna questione di massima e di principio potrà essere od intendersi decisa od anche solo pregiudicata colle transazioni avvenute colla presente Convenzione e che questa non potrà mai invocarsi come un precedente contro il Governo nella parte della Società delle Strade Ferrate Romane, nè da parte di chiunque altri per quistioni simili od analoghe a quelle che formarono oggetto di dette transazioni, le quali furono unicamente determinate da specialissime considerazioni e circostanze non riguardanti alcuna quistione di principio o di massima, dovendo anzi intendersi e ritenersi che ogni questione di principio o di massima o sia stata scartata o sia stata ritenuta nel senso sostenuto dall'Amministrazione dello Stato.

Art. 8. — La presente Convenzione si dichiara indipendente da quella del 30 Settembre 1868 senza la cui approvazione, ed efficacia neppur essa sarà valida ed efficace.

Conseguentemente ove la Convenzione del 30 Settembre 1868 (della quale la presente forma un allegato) non divenisse definitiva ed efficace, anche la Convenzione presente s'intenderà come non avvenuta, e le parti rientreranno nel libero esercizio di tutti i precedenti loro diritti.

Fatto in duplo originale per un solo ed unico effetto.

Firmati all' originale :

| *Il Ministro dei Lavori Pubblici* | *Il Ministro delle Finanze* |
|---|---|
| Pasini. | L. G. Cambray Digny. |

*Il Direttore Generale delle SS. FF. Romane*

Giacomo De Martino.

ANNEXE **A**.

*Liquidazione delle garanzie dovute dal Governo alla Società delle Strade Ferrate Romane per la linea* **Ancona Bologna.**

| | | |
|---|---|---|
| Somma domandata dalla Società | L. it. | 10.902.427 68 |
| Somma liquidata dal Governo | | 9.494.093 71 |
| Differenza | L. it. | 1.408.333 97 |
| Somma concordata in via di transazione | L. it. | 9.993.741 03 |
| Pagamenti fatti in conto dal Governo | | 1.632.000 00 |
| Debito residuale del Governo | L. it. | 8.361.741 03 |
| Interessi 6 0/0 dal 15 Maggio 1865 al 30 Giugno 1868 sopra la detta somma residuale | | 1.569.716 45 |
| Total del debito del Governo verso la Società | L. it. | 9.931.457 48 |

Firmati all' originale;

Il Ministro dei Lavori Publici
PASINI.

Il Ministro delle Finanze
L. G. CAMBRAY DIGNY.

Il Director Generale delle Strade Ferrate Romane
G. DE MARTINO.

# ANNEXE E.

## CONVENZIONE

*fra la Società della Ferrovie Romane e gli Accollatari Cheli, Romanelli e Righi.*

Firenze a di trenta Aprile mille ottocentosessantanove.

Con privata scritura del 14 Aprile 1862, recognita dal notaro Passeri e registrata in Siena il giorno appresso, in signor cav. prof. Policarpo Bandini, come Segretario gerente della Società anonima per la Strada Ferrata Centrale Toscana, accollo a titolo di cottimo ai signori Angiolo Cheli, Giovanni Romanelli, Giuseppe Righi e Anton Maria Segui i lavori della Strada Ferrata dalla Stazione di Chiusi a quella di Orvieto da eseguirsi nei termini ed ai prezzi unitari indicati tn detto contratto; e fin d'allora obbligaronsi reciprocamente le parti a concedere ed assumere alle stesse condizioni l'accollo dei lavori peri la costruzione della linea rimanente fino ad Orte.

Nel primo Luglio 1863 la Gerenza e l'Ingegnere in capo della cessata Società della Centrale Toscana stabilirono nuove convenzioni coi signori Cheli, Romanelli, Righi e Sequi, per la esecuzione dei lavori d'all'egresso del sotteraneo di Collelungo al fiume Paglia, compresovi il ponte sul fiume medesimo, in conseguenza della variazione della linea definitivamente tracciata per la valle di Rivalcale ed approvata col decreto del 3 Gennaio di detto anno.

Con altra scrittura privata del 1° Guigno 1865 il cav. Policarpo Bandini nella sua qualità di Gerente della Società e Consiglio della Centrale Toscana, previo un concordato aumento di prezzi unitarii, accollo ai medesimi signori Cheli, Romanelli, Sequi e Righi i lavori per la prosecuzione della ferrovia Centrale Toscana dalla Stazione di Orvieto fino alla di lei congiunzione con la Strada errata da Ancona a Roma.

Nel 25 Novembre 1866 il Segretario Gerente della già Centrale Toscana, partecipo ai signori Cheli, Romanelli e Righi la Convenzione stipulata li 11 Ottobre di detto anno tra la Società delle Romane e il Regio Governo per una anticipazione delle sovvenzioni chilometriche, onde pagare subito i debiti più tenui ed urgenti, dare un accontó per gli altri ed assicurarne il saldo a certe scadenze; e propose ai medesimi signori Cheli e compagni di pagare in conto del loro credito da liquidarsi, che ascendeva seconda la loro domanda fra Lire un milione e settecentomila e Lire un milione e ottocentomila, la somma di Lire settecentomila entro il detto anno 1866 ed il rimanente in rate semestrali uguali. E i signori Cheli, Romanelli e Righi in nome anche del defunto Anton Maria Sequi, dichiararono nel medesimo giorno (25 Novembre 1866) che consentivano alla proposta fata dalla Società delle Romane e che il loro consenso doveva aversi come efficace anche a vantaggio del Regio Governo per le preferenze e garanzie che si era riservate nella rammentata Convenzione del di 11 Ottobre 1866.

Poco appresso, e segnatamente nel 20 Decembre di detto anno, i medesimi signori Cheli, Romanelli e Righi dichiararono, che, invece di Lire settecentomila, avrebbero consentito di ricevere la somma di Lire cinquecentomila entro il Decembre 1866 e i primi del Gennaio 1867, e che per la somma residua, valutata approssimativamente a Lire un milione e duecentomila consentivano a riceverla nello spazio di quattro anni in rate semestrali nel 1867 di Lire centocinquantamila ciascuna e negli anni successivi in rate trimestrali di lire settantacinquemila.

Recentemente il signor Commendatore Giacomo De Martino, assunto l'ufficio di Direttor generale delle Ferrovie Romane, potè coi nominati signori Accollatari stabilire le basi di una transazione e sistemazione definitiva.

Ne riferì il Commendatore De Martino al Consiglio di Amministrazione della Società delle Strade Ferrate Romane nell'adunanza del 20 Marzo 1869. E il Consiglio con deliberazione presa nel giorno stesso, approvò le basi della proposta transazione e autorizzo il signor Direttore a stipulare il contratto in conformità delle medesime.

Volendo pertanto ridurre in buona e valida forma le già stabilite Convenzioni si sono costituiti alla presenza degli infrascritti testimoni:

L'Illustrissimo signor Commendatore Giacomo De Martino del fu Renato, possidente domiciliato in Firenze nella sua qualita di Direttor generale delle Strade Ferrate Romane, autorizzato dal Consiglio di Amministrazione con la deliberazione del di 20 marzo 1869 previa la dichiarazione e protesta che con l'atto presente non intende di obbligare la sua persona e i suoi beni, nè le persone e i beni dei suoi eredi e successori, ma unicamente la Società anonima delle Strade Ferrate Romane.

Ed i signori Angiolo del fu Stefano Cheli, Giovanni del fu Gaetano Romanelli e Giuseppe del fu Clemente Righi, impresari tutti di pubblici lavori, e domiciliati i primi due in Firenze e il terzo a Figline, e tutti dichiarando di obbligarsi solidalmente di fronte alla Società delle Ferrovie Romane.

E con questa privata scrittura che dee valere come pubblico istrumento a tutti gli effetti di ragione, ratificata la premessa narrativa che deve considerarsi come parte integrale dell'atto medesimo, hanno convenuto e stipulato per modo di transazione e amichevole composizione :

1° Che debbano rimanere fermi e confermati i contratti di accollo avvenuti fra la Società della già Centrale Toscana ed i signori Gheli, Romanelli e Righi per le costruzioni delle sezioni di ferrovia da Orvieto a Penna ed Orte datati del dì 14 aprile 1862, 1° Luglio 1863 e 1° Giugno 1865, registrati il primo a Siena il 15 successivo ed il terzo parimente a Siena il 6 Giugno medesimo, meno le variazioni seguenti per il tempo nel quale devono essere compiti; per i tempi e modi di pagamento dei medesimi e per il saldo del credito arretrato a favore degli accollatari medesimi, a forma della convenzione del dì 25 Novembre 1866 e successive modificazioni che si concorda per lo meno nella somma di Lire un milione e centosettantaduemila salvo il più che possa risultare dalla definitiva liquidazione e più gli interessi al 6 per cento dal 1° Gennaio 1867 e detrazione fatta degli acconti che abbiano ricevuto.

2° Che nell'anno corrente 1869 debbano eseguirsi tanti lavori per la complessiva somma di Lire un milione et quattrocento ventunmila come appresso :

*a*) Dovranno esser fatti dei lavori nella sezione da Orvieto a Castiglione per somma non maggiore di Lire cinquecentomila da spendersi in riparazione delle frane avvenute nei lavori precedentemente eseguiti.

*b*) Tra Castiglione e Alviano dovranno esser fatti lavori per somma non maggiore di Lire centoundicimila.

*c*) Dovranno essere compiuti i lavori murarii occorrenti al ponte sul Tevere per somma non maggiore di lire centocinquantamila, nelle quali s'intendono comprese lire quarantaquattromila convenute *à forfait* per le escavazioni e per le aggottature delle fondazioni a fare, relative a questo ponte, e con obbligo nella Società di fornire a sua cura e spese il ponte sommergibile atto pel trasporto del materiale.

*d*) Dovranno spendersi per le Stazioni d'Alviano a Castiglione e provviste di ghiaia lire centoquarantamila.

*e*) Dovranno spendersi nel tratto fra Alviano, Ramici ed Attigliano somme non maggiori di lire cinquecentoventimila.

Per la costruzione di questi lavori gli Accollatari dovranno porre la Società delle Ferrovie Romane nella possibilità di attivare al pubblico esercizio per mezzo di deviazioni la ferrovia fino a Castiglione al 30 ottobre prossimo 1869, e fino ad Alviano al 30 novembre successivo, agendo in modo da dar tempo e possibilità alla Società predetta di armare colla ferratura il piano stradale e far quanto occorre per potere esercitare i tratti medesimi.

Nel primo semestre dell'anno 1870 dovranno spendersi nel tratto Alviano-Attigliano fra lavori di linea, stazioni e provviste di ghiaia lire quattrocento ottantamila e fare in modo, per quanto da loro dipende, che la Società possa attivare al pubblico traffico il detto tratto Alviano-Attigliano non più tardi del 30 giugno 1870 suddetto.

Nel secondo semestre dovranno eseguirsi i lavori nel tratto Attigliano-Penna per circa lire trecentoventimila e così in tutto nel 1870 per lire ottocentomila.

Nel 1871 si eseguiranno lavori sul tratto suddetto Attigliano-Penna per circa L. 900,000, ed altre L. 100,000 si destineranno a riparazione delle frane; in tutto L. 1,000,000.

Nell'anno 1872 si compiranno i lavori accollati fino a Penna, i quali, secondo i prezzi unitari delle perizie facienti parte integrale dei nominati contratti d'accollo, si ridurrebbe a lire settecentoquarantasettemila; ed in tutto lire tre milioni novecentosessantottomila circa, salvo più o meno in atto pratico.

3° Che il credito arretrato dei signori Accollatari secondo la Convenzione del 1866, che si concorda non potere esser minore di lire un milione centosettantadue mila, salvo il di più che possa resultare dalla definitiva liquidazione dei lavori qui sopra indicati, e dei convenuti frutti a ragione del sei per cento in anno sul cedito residuale predetto di lire un milione centosettantaduemila ridotto attualmente a lire seicentoventimila circa in seguito al pagamento di lire cinquecentosettantadue mila già eseguito il 29 marzo ultimo decorso e con dichiarazione che, detratti i frutti scaduti, ogni eccedenza deve stare in conto capitale, ridotto così alla cifra suddetta dovrà essere saldato come appresso :

*a*) Al 31 dicembre 1869 direttamente dalla cassa sociale lire dugentocinquantamila.

*b*) Con cessione e assegnazione sul credito della Società col Governo in ordine all'articolo 9 della Convenzione 30 settembre 1868, lire seicentomila.

*c*) Sul conto delle sovvenzioni chilometriche dovute dal Governo alla Società per l'esercizio dei tronchi delle linee fra Orvieto ed Alviano e fra Torrenieri e Grossola lire novantasettemila; e così in tutto (oltre le lire cinquecentosettantaduemila già pagate) a detta epoca lire novecentoquarantasettemila che s'intenderanno attribuite ai signori Accollatari in conto del suddetto loro credito fino a concorrenza delle rate di capitale scadute e relativi interessi, ed ogni rimanente in conto dei nuovi lavori, lo che deve intendersi ripetuto pei successivi pagamenti fino a totale estinzione del capitale e interessi del credito di lire un milione e centosettantaduemila e di ogni di più che risulterà dalla definitiva liquidazione.

*d*) Nei primi del 1870 lire dugentocinquantamila.

*e*) Per sovvenzioni chilometriche dovute dal Governo alla Società per l'esercizio dei tronchi di linea per Orvieto, Alviano e Torrenieri e Grossola, 30 giugno dette, lire dugentocinquemila dugentocinquanta.

*f*) Per sovvenzioni chilometriche dovute dal Governo alla Società per l'esercizio dei tronchi di linea fra Orvieto ed Attigliano e fra Torrenieri e Grosseto, 31 dicembre detto, lire seicent'ottantaduemila trecentosettantacinque.

*g*) Nel 1871 sulle sovvenzioni chilometriche dovute dal Governo alla Società per l'esercizio delle sezioni di Orvieto a Penna e Torrenieri-Grosseto, metà al 30 giugno e metà al 31 dicembre, lire un milione e quattrocentomila.

*h*) Nel 1872 metà per semestre come sopra, in saldo lire cinquecentosettantaquattromila cinquecentoquarantumo o il più o meno che resultera dai lavori eseguiti.

4° Che i pagamenti come sopra convenuti per semestri al 30 Giugno e 31 Dicembre 1869-1870-1871-1872, s'intendono dimostrativi della somma, ma non del tempo, perchè è convenuto che debbano ripartirsi in rate mensili, e così le somme determinate dovranno pagarsi ai signori Accollatari mese per mese nella quota corrispondente a quella determinata per ogni semestre; e ciò quando siano stati fatti tanti lavori che corrispondano almeno alle somme che saranno a pagarsi. Quando la Società adempia puntualmente ai detti pagamenti mensili, s'intenderà che fino a concorrenza restino sciolte le suddette cessioni e assegnazioni.

5° Che dovranno i signori Accollatari por mano ai lavori dell'ultimo tratto Penna-Orte appena che la Società sarà in caso di poterlo ordinare, per essersi posta in regola col Governo Pontificio, e dovranno riceverne il pagamento nell'anno 1873, obbligandosi la Società a cedere e assegnare a loro favore od a tale oggetto e per garanzia e maggior sicurezza i sussidi chilometrici da corrispondersi dal Governo. Ma se entro l'anno 1872 la Società non potesse dar loro l'ordine di proseguire i lavori, i signori Accollatari saranno sciolti da ogni impegno di eserguirli.

6° Che la ripresa dei lavori nei modi e termini, di che negli articoli precedenti, nei tratti Orvieto-Castiglione-Orte dovrà dai signori Accollatari Cheli, Romanelli e Righi essere effettuata non più tardi di otto giorni decorrendi dal dì 29 Marzo in cui riceverono il primo pagamento delle Lire cinquecentosessantaduemila indicato all'articolo terzo.

7° Che le cessioni e assegnazioni delle somme come sopra indicate a garanzia dei signori Cheli, Romanelli e Righi e a carico del Regio Governo, come pure dei sussidi chilometrici a carico del Governo stesso, dovranno esser poste in regola mediante atto formale, appena che la Convenzione del 30 Settembre 1868 sarà stata approvata per legge.

8° Resta convenuto che qualora da parte della Società non venissero puntualmente eseguiti i pagamenti come sopra convenuti, i signori Accollatari, oltre tutti gli altri diritti di ragione competenti, avranno quello di ripetere immediatemente ogni residuo del credito come sopra concordato in Lire un milione centosettantaduemila e relativi interessi, e ogni di più pei lavori fatti e non pagati e per ogni altro titolo, nessuno escluso nè eccettuato.

9° Che la spesa di registro dell'atto presente, in quanto possa esser dovuta, sarà a carico della Società.

*Firmato :* Giacomo De Martino N. N.

Angelo Cheli in proprio e per interesse del socio Giovanni Romanelli impedito per il quale garantisco la ratifica.

Giuseppe Righi approvo e convengo come sopra.

Avv. Bruto del fu Graziano Senigaglia, *testimone.*

Livio del fu Maccario Maccari, *testimone.*

# ANNEXE F.

## TRAITÉ

*Tommasini, Guerrini et Comp^ie.*

Entre

La Société des Chemins de fer Romains représentée par M. le Vicomte Benoist d'Azy, administrateur de ladite Société, d'une part;

Et MM. Tommasini et Guerrini, constructeurs, et commandeur Berardi, fournisseur de la Ligne de Civita-Vecchia au Chiarone, d'autre part; il a été dit et convenu ce qui suit :

La Société des Chemins de fer Romains, désirant liquider sa situation vis-à-vis des constructeurs de la Ligne de Civita-Vecchia au Chiarone, et désirant en même temps satisfaire aux sollicitations pressantes du Gouvernement Pontifical pour la prompte construction de la Gare de Rome, a fait à MM. Tommasini, Guerrini et Berardi, qui les ont acceptées, les propositions suivantes :

### Art. 1.

MM. Tommasini, Guerrini et C^ie recevront à titre d'acompte sur le prix du marché à forfait d'Orbetello la somme de trois millions provenant des garanties arriérées dues par le Gouvernement Pontifical. — Moyennant ce paiement, MM. Tommasini, Guerrini et C^ie renoncent formellement, et sans aucune exception ni réserve, à toutes les délégations concernant les sommes dues sur les travaux, et à toutes les conventions intervenues entre eux et la Société postérieurement au traité du 5 juin 1864, et autres que le dit traité.

### Art. 2.

La Société paiera à MM. Tommasini, Guerrini et C^ie le solde dû sur Orbetello, et les sommes nouvelles qui leur seront dues pour les travaux de la Gare de Rome en leur versant la totalité des recettes de son trafic net sur les lignes Pontificales comprenant :

| | | | |
|---|---|---|---|
| De Rome à Ceprano.................... | kilom. | 122 | 316 kilomètres. |
| De Rome à Chiarone.................... | » | 131 | |
| De Ciampino à Frascati.................. | » | 6 | |
| De Rome à l'Adriatique (partie pontificale). | » | 57 | |

Le Trafic net sera calculé en abandonnant la totalité des recettes du trafic brut et en retenant chaque année huit mille francs (fr. 8,000) par kilomètre exploité pour frais d'exploitation. Cet abandon du trafic net aura lieu jusqu'à complet remboursement des sommes dues en capital et en intérêts aux constructeurs de la ligne d'Orbetello et de la Gare de Rome.

Malgré cet abandon, les créanciers ne pourront jamais prétendre à aucune ingérence directe ou indirecte dans l'administration ou la comptabilité des Chemins de fer Romains. Ils ne pourront en aucun cas demander pour la constatation des produits aucun autre document que ceux qui sont communiqués au Gouvernement et aux actionnaires.

Les versements seront faits entre les mains de MM. Tommasini, Guerrini et Berardi à partir du mois de juillet 1868 par la remise mensuelle d'un mandat sur la Banque romaine. Le premier versement mensuel aura donc lieu dans les premiers jours du mois d'Août 1868. Les versements continueront ensuite de mois en mois, et seront versés à un compte courant à intérêts réciproques à six 0/0 et en atténuation de la dette dont les intérêts seront immédiatement diminués de la quote-part correspondant à ces remboursements.

Dans le cas où ces versements mensuels ou tous autres versements que pourrait faire la Société entre les mains desdits constructeurs n'atteindraient pas pour chaque semestre la somme de cinq cent mille francs (fr. 500,000), MM. Tommasini, Guerrini et Berardi auront droit de compléter et assurer cette somme au moyen de la garantie pontificale; l'annuité totale à recevoir par MM. Tommasini, Guerrini et Berardi ne devant jamais être inférieure à un million.

Moyennant l'exécution complète du présent Traité, les créanciers d'Orbetello renoncent à demander un paiement quelconque sur d'autres ressources que celles indiquées à ce présent traité. En cas d'inexécution du traité, les créanciers se réservent de rentrer dans la plénitude de leurs droits pour assurer le paiement du solde de leur créance.

### Art. 3.

*Gare de Rome.* — La Société des Chemins de fer Romains donne à MM. Tommasini, Guerrini et Berardi l'entreprise à forfait des travaux de la Gare de Rome aux conditions suivantes :

*Description des Travaux.* — Un plan d'ensemble avec légende à l'appui, figurant les travaux, à exécuter ainsi qu'un cahier des charges approuvé par le Gouvernement seront annexés au présent traité.

Ce plan sera conforme aux prescriptions déjà approuvées par le Gouvernement Pontifical pour l'ensemble de la Gare de Rome. Il comprendra tout ce qui a été demandé par le Gouvernement pour cette Gare à l'exception des ateliers, des remises de machines locomotives, des remises de wagons à marchandises, des bâtiments et quais à marchandises, matériel métallique de voies et traverses, distribution d'eau et de gaz ailleurs qu'à la Gare des voyageurs, et en général tout ce qui est consacré spécialement au service des marchandises et de la traction.

Les travaux à exécuter comprendront de la manière la plus complète tout ce qui est nécessaire pour une gare de voyageurs, le forfait étant, ainsi qu'il vient d'être dit à l'article 3, compris dans le sens le plus large, de telle façon que la gare soit livrée complète en parfait état d'exploitation; la Compagnie ne devant avoir à faire aucune dépense supplémentaire, soit par suite de réclamation du Gouvernement, soit pour toute autre cause.

### Art. 4.

Les constructeurs seront complétement substitués à la Société dans toutes ses obligations vis-à-vis du Gouvernement Pontifical et du public, et relatives à la Gare de Rome.

Ils ne pourront réclamer à la Société aucune indemnité pour travaux imprévus ou modifications exigées par le Gouvernement même en cours d'exécution.

Les constructeurs acceptent le contrôle le plus complet de la part de la Société, et s'engagent à donner toutes les facilités nécessaires pour ce contrôle aux ingénieurs de la Société. Tous les plans d'exécution devront être approuvés par le Gouvernement, et par la Société.

Il est bien entendu que les constructeurs se conformeront sans réclamer d'indemnités à toute modification demandée par la Société, et qui n'augmenterait pas le cube des maçonneries et la surface des couvertures calculées d'après les plans approuvés et les indications données à l'article 3.

Pour limiter dès à présent les exigences de la Société en ce qui concerne les travaux de menuiserie, serrurerie, plomberie, vitrerie et peinture, et en cas de désaccord avec les entrepreneurs, les parties contractantes s'engagent, pour les travaux ci-dessus indiqués, à accepter les types conformes à ceux qu'emploie aujourd'hui dans les grandes gares la Compagnie de Paris-Lyon-Méditerranée.

La nature des matériaux à employer sera fixée d'accord avec les constructeurs, tant par les ingénieurs du Gouvernement que par ceux de la Société; elle devra être celle des bons matériaux employés dans le pays pour des constructions de pareille importance.

Il est dès à présent expliqué qu'on évitera le plus possible le crépis de mortier, et qu'on n'en mettra pas dans les parties des bâtiments exposées à des frottements constants.

ART. 6.

*Durée des Travaux.* — La durée des travaux sera de deux années; cependant si les constructeurs obtiennent du Gouvernement une prolongation de délai, la Société accepte dès à présent cette prolongation.

ART. 7.

Le prix de forfait est de deux millions de lires pontificales comprenant les intérêts pendant la construction. Ce prix sera dû à la réception définitive (collaudo) des travaux par le Gouvernement pontifical.

Le Gouvernement s'étant réservé de retenir, sur les subventions annuelles qu'il paiera à la Société, une somme pouvant s'élever jusqu'à cinq cent mille francs par an, dans le cas où les travaux de la Gare ne représenteraient pas une dépense réelle et annuelle au moins égale à ce chiffre dûment justifié et visé par les ingénieurs; dans le cas où une pareille retenue aurait lieu, la Société cesserait de verser entre les mains des entrepreneurs le produit de son trafic, et retiendrait ainsi ce produit jusqu'à concurrence d'une somme égale à celle retenue par le Gouvernement, et pendant le temps que durerait cette retenue.

Il est de nouveau bien entendu que le mot de forfait est pris dans son acception la plus large, sans restriction ni réserve de la part des entrepreneurs; la Compagnie ne devant dans aucun cas avoir à faire aucune dépense supplémentaire, soit à cause d'exigences du Gouvernement, soit par suite de cas de force majeure. Ses constructeurs s'interdisent toute réclamation relative à un retard quelconque apporté au collaudo par le Gouvernement.

ART. 8.

Les entrepreneurs prendront toutes les mesures nécessaires pour que leurs travaux ne puissent en quoi que ce soit entraver la régularité du service du Chemin de fer.

Ils se prêteront autant que possible à la mise en jouissance anticipée par l'exploitation de tout ou partie des bâtiments au fur et à mesure de leur achèvement.

ART. 9.

Toutes les contestations relatives à l'exécution du présent traité seront jugées en dernier ressort et souverainement à Paris par deux arbitres nommés chacun par l'une des parties, et qui en cas de partage désigneront un tiers arbitre pour les départager. En cas de désaccord entre les arbitres pour le choix du tiers arbitre, la nomination sera confiée au Directeur général de la Compagnie des chemins de fer de Paris-Lyon-Méditerranée. Ces arbitres statueront comme amiables compositeurs jugeant en dernier ressort sans forme de procédure et sans appel ni pourvoi en cassation.

Les frais d'enregistrement des présentes seront supportés par celles des parties qui, par ses prétentions jugées mal fondées, rendrait cet enregistrement nécessaire.

ART. 10.

*Travaux supplémentaires demandés par la Société.* — Dans le cas où la Société trouverait insuffisantes les dimensions des diverses parties de la Gare approuvées par le Gouvernement et obtiendrait l'autorisation de les modifier, les constructeurs s'engagent à se conformer à ces dimensions plus grandes, en recevant une plus-value calculée dès à présent au prix de la série actuelle de l'Hôpital, sans autre bénéfice que celui que comprennent ces prix de la série eux-mêmes. — Étant bien entendu que cette série de prix n'est fixée que pour ces accroissements et n'a aucun rapport avec le prix ferme à forfait.

ART. 11.

La Société fera sur ses lignes les transports de matériaux devant servir à la construction de ladite Gare Centrale, au prix de 0 fr. 02 c. par tonne et par kilomètre.

Les entrepreneurs auront la faculté de faire lesdits transports avec une machine et des wagons leur appartenant, sans payer à la Société aucune autre rétribution que les dépenses d'accompagnement des trains; restant à la charge des entrepreneurs toutes les dépenses quelconques de traction et d'entretien de leur matériel.

Il est bien entendu, du reste, que les trains qui pourront être faits dans ces conditions seront soumis à toutes les prescriptions des règlements administratifs et sociaux, et ne pourront servir qu'au seul transport des matériaux de construction devant être employés à la Gare Centrale.

Les entrepreneurs auront droit en outre à des permis de circulation pour leurs agents et ouvriers.

ART. 12.

Les entrepreneurs sont autorisés à construire dès à présent, à leurs frais, risques et périls, sauf l'approbation du Gouvernement, une voie conduisant de la gare de Palo dans la carrière de tufs de M. Guerrini, sans toutefois que cette concession puisse jamais porter atteinte aux droits assurés au Gouvernement et à la Société par l'article 5 du présent traité. Les frais d'entretien et de gardiennage de cette voie seront à la charge des entrepreneurs, la Société prenant la responsabilité du gardiennage de l'aiguille qui donnera accès sur les voies de la gare de Palo, pourvu que cette aiguille soit placée sur une des voies de garage des marchandises.

ART. 13.

Les parties contractantes font élection de domicile, savoir : la Société des Chemins de fer Romains, à son siége social, rue de Richelieu, n° 99, à Paris; MM. Tommasini, Guerrini et Commandeur Berardi chez MM. Fould et C^ie^, banquiers à Paris.

Fait double entre les parties.

Rome, le 2 juin 1868.

*L'Administrateur délégué des Chemins de fer Romains. Signé :* V^te^ BENOIST D'AZY.

*Signé :* F. BERARDI,
P. TOMMASINI,
G. GUERRINI.

Le présent traité annule et remplace dans toutes ses parties le traité déjà signé sous la même date et enregistré à Rome le
sous le N° sauf pour les effets de la date certaine donné par l'enregistrement.

Fait double à Rome, le 16 février 1869.

*L'Administrateur délégué des Chemins de fer Romains. Signé :* V^te^ BENOIST D'AZY.

*Signé :* F. BERARDI,
P. TOMMASINI,
G. GUERRINI.

Roma, 17 Febbraio 1869.

*Per copia conforme all'Originale*

*Il Segretario*

FILIPPO M. GERARDI.

## TRAITÉ ADDITIONNEL.

Entre les soussignés :

M. le Vicomte Benoist d'Azy, administrateur de la Société des Chemins de fer Romains, dont le siége social est à Rome, agissant au nom dudit Conseil et spécialement délégué à cet effet, d'une part :

MM. Tommasini, Guerrini et Cie, banquiers à Rome, agissant en leur nom propre et comme représentant l'entreprise de construction de la ligne de Civita-Vecchia au Chiarone, d'autre part;

Il a été dit et convenu ce qui suit :

MM. Tommasini, Guerrini et Cie n'ayant reçu encore aucune somme en exécution de l'art. 2 du traité passé le 2 juin 1868, entre eux et la Société des Chemins de fer Romains pour le règlement de leurs créances comme constructeurs de la ligne de Civita-Vecchia au Chiarone et de la Gare Centrale de Rome, et en présence des difficultés que la Société a rencontrées pour donner pleine et entière exécution à leur traité, et voulant donner à ladite Société un témoignage de leur bon vouloir à se prêter à des facilitations pour le paiement de leurs créances, consentent à l'adjonction d'un article additionnel, et à apporter à l'art. 2 de leur traité du 2 juin 1868 les modifications suivantes :

La Société des Chemins de fer Romains paiera à MM. Tommasini, Guerrini et Cie le solde dû sur Orbetello et les sommes nouvelles qui leur seront dues pour les travaux de la Gare de Rome:

1° *En leur versant immédiatement deux cent mille francs, somme à laquelle MM. Tommasini, Guerrini et Cie consentent à réduire le montant qu'ils auraient dû recevoir dans le second semestre 1868 ;*

2° *En limitant à un versement mensuel de quatre-vingt-trois mille trois cent trente-trois francs trente-trois centimes (soit un million par an) les produits nets du Trafic des lignes Pontificales ; le premier versement mensuel devant avoir lieu le 16 février 1869.*

Toutes les autres clauses dudit article 2 restent dans tous leurs effets.

### Article additionnel.

Dans le cas où MM. Tommasini, Guerrini et Cie n'auraient pas obtenu d'ici au 1er février 1871 le collaudo de la ligne de Civita-Vecchia au Chiarone et, par leur faute, empêché, dans le même délai, l'apurement de leurs comptes avec la Société, la Société aura le droit de suspendre les versements mensuels jusqu'à ce que MM. Tommasini, Guerrini et Cie aient rempli ces conditions.

Il est bien entendu que cet article additionnel ne doit préjuger ni la Société, ni les entrepreneurs sur la question des intérêts à régler pour les sommes dues pour leurs créances.

Fait double entre les parties.

Rome, le 16 février 1869.

*L'Administrateur delégué des Chemins de fer Romains. Signé :* Vte BENOIST D'AZY.

*Signé* F. BERARDI,
P. TOMMASINI,
G. GUERRINI.

Pour copie conforme à l'original existant aux archives de la Société,

*Le Secrétaire,*

*Signé :* FILIPPO M. GERARDI.

# ANNEXE G.

## CONVENZIONE

*Fra la Società delle Ferrovie Romane ed il Sig. Marchese di Salamanca.*

Firenze, ventinove Aprile mille ottocento sessantanove.

Una sentenza arbitrale proferita in Parigi li 22 Agosto 1868 dai signori Ingegnere Giuseppe Molard, Ingegnere Ippolito Mantion et Paolino Talabot, direttore generale della Compagnia delle Strade Ferrate da Parigi per Lione al Mediterraneo decise le molte controversie che pendevano fra la Società delle Strade Ferrate Romane ed il signor Marchese di Salamanca, impresario generale della costruzione delle linee appartenenti all'antica Società generale delle Romane.

Questa sentenza fu accettata nel 25 Agosto 1868 dai signori Visconte Benoist d'Azy, e Visconte De Villiers, come delegati del Consiglio d'Amministrazione della Sezione Sud delle Strade Ferrate Romane eletti, con la deliberazione del 13 di detto mese ed anno.

Da un conto corrente stabilito al 1° Settembre 1868 concordato dal Consiglio Sud e trasmesso dal signor Visconte Daru, vice Presidente di quella Sezione, in esecuzione della citata Sentenza arbitrale resultò un credito di franchi 6,926,558. 51 a favore del signor Marchese di Salamanca.

Ma la Commissione mista, non essendo stata la Sentenza arbitrale sottoposta alla sua approvazione in ordine all'articolo 15 del trattato di fuzione del 22 Giugno 1864, deliberò nella sedutadel 18 Dicembre 1868 non potersi accettare la decisione degli Arbitri, nè la liquidazione fatta dai rappresentanti della Sezione Sud e rinviò l'affare alla nuova Amministrazione, riservando alla Società delle Romane tutti i diritti che le potessero competere.

Di fatti il nuovo Consiglio Amministrativo della Società delle Strade Ferrate Romane, interpellati due Consulenti legali di sua fiducia, dietro il loro concorde parere, si proponeva di impugnare la validità e la giustizia del Lodo proferito dagli Arbitri, ma venute le parti a trattative amichevoli hanno consentito di procedere per modo di stralcio e transazione ad una definitiva sistemazione,

E volendo che ne consti in buona e valida forma da questo Atto privato che valer deve come pubblico istrumento apparisca e sia noto che fra :

La Società delle Strade Ferrate Romane rappresentate dall'illustrissimo signor Commendatore Giacomo De Martino, suo Direttore generale, possidente domiciliato in Firenze, debitamente autorizzato con deliberazione del Consiglio d'Amministrazione del di 27 Aprile corrente, e

L'illustrissimo signor Marchese Josè di Salamanca, intraprenditore di lavori pubblici, possidente domiciliato in Madrid ed ora degente in Firenze.

È stato convenuto e stabilito quanto appresso :

1° La Società delle Strade Ferrate Romane, salvi i patti e condizioni seguenti accetta definitivamente la Sentenza arbitrale proferita in Parigi li 22 Agosto 1868 dai signori Molard, Mantion e Talabot : e riconosce che il credito del Marchese di Salamanca resultante dal conto corrente, ammonta e rimane definitivamente stabilito nella somma di franchi sei milioni novecento ventisei mila cinquecento cinquantotto et centesimi cinquantuno dal primo Settembre 1868.

2° Il detto credito del Marchese di Salamanca come sopra liquidato e riconosciuto, deve figurare per la sua totalità nello stato generale del debito galleggiante della Società delle Strade Ferrate Romane, che in ordine all'articolo sesto della convenzione stipulata li 30 Settembre 1868 tra la stessa Società ed il Regio Governo deve essere formato dall'Amministrazione sociale col concorso di un delegato speciale del Governo ed accettato dai creditori prima che la detta convenzione sia sottoposta all' approvazione del Parlamento.

3° La Società delle Strade Ferrate Romane tranne la questione relativa al passaggio presso la Vigna Mangani di che nell'articolo sesto, renunzia ad ogni diritto ed azione che le potessero competere contro il Marchese di Salamanca per qualsiasi compimento dei lavori delle linee e loro dipendenze, comprese nei relativi contratti di appalto.

E reciprocamente il medesimo signor Marchese di Salamanca renunzia al diritto di eseguire i lavori che rimangono a farsi, niuno escluso nè eccettuato, di cui fa parola il Lodo degli Arbitri del 22 Agosto 1868, e renunzia pur anco a qualunque indennità che per questo titolo di lavori non eseguiti gli potesse competere.

4° Qualora piacesse alla Società di fare l'acquisto delle particelle di terreni limitrofe ed all'infuori della linea et delle Stazioni, sarà in facoltà della Società di farne acquisto dal signor Marchese di Salamanca, il quale si obbliga di cederne in tal caso la proprietà per il prezzo che verrà determinato da un Perito nominato dalle parti ed in caso di loro dissenso il detto Perito dovrà essere eletto dal Presidente del Tribunale Civile et Correzionale di Firenze, con dichiarazione altresi che la Società delle Romane non sarà tenuta a pagare il prezzo di detti terreni fin che il Marchese Salamanca non abbia giustificati i depositi fatti per le espropriazioni e non abbia consegnato alla Società stessa i titoli degli acquisti dei terreni tutti occupati per la costruzione delle linee e accessori, in bouna e valida forma.

5° Il Marchese di Salamanca assume l'obbligo di pagare alla Società la metà della somma di cui la Società resulterà debitrice verso i fornitori di dadi per la linea Napoli-Liri in ordine alla dichiarazione emessa dagli Arbitri nella questione 38ª sia per sentenza del Tribunale sia per transazione amichevole, riconoscendo fin d'ora nella Società in diritto di regolare quella vertenza nel modo che giudicherà più conforme ai suoi interessi e di ritenere in sue mani in garanzia di un tale obbligo la somma che il Direttore Generale d'accordo con il Comitato di Sorveglianza giudicherà sufficiente a rendere efficace la suddetta garanzia.

6° La Società delle Strade Ferrate Romane esonerà il signor Marchese di Salamanca d'all'obbligo a lui imposto dalla dichiarazione degli Arbitri sulla questione 49ª di regolare definitivamente col proprietario interessato l'affare relativo al passaggio da costruirsi al di sotto della Vigna Mangani presso il Tempio di Minerva Medica ; ed in correspettività di detta esonerazione il Marchese di Salamanca in diminuzione del credito e debito respettivo abbuona alla Società delle Strade Ferrate Romane la somma di lire quattromila.

7° Il Marchese di Salamanca promette e si obbliga di consegnare nel tempo e termine di sei mesi a datare dal 1° Maggio prossimo senza alcuna indennità alla Società delle Strade Ferrate Romane gli instrumenti geodetici, gli ogetti mobiliari, i disegni, piani e profili, et tutti gli altri atti e documenti di che nelle dichiarazioni degli Arbitri relative alle quistioni 66ª e 67ª.

8° Come acconto della somma di cui è stato riconosciuto creditore della Società delle Romane, e che, previe le imputazioni come sopra pattuite si stabilisce in Lire italiane **sei milioni novecento ventidue mila cinquecento cinquantotto** e centesimi **cinquantuno**, il signor Commendatore De Martino nei Nomi paga al signor marchese di Salamancha la somma di Lire **trecento mila** (300,000) in tanti Buoni di Banca aventi corso forzato in Italia e il signor Marchese di Salamanca traendo a sè detta somma e tale e tanta essere confessando ne fa ricevuta saldo e quietanza alla Società delle Strade Ferrate Romane colla promessa de ulterius non petendo ecc., e altre Lire **trecento mila** (300,000) si obbliga di pagargliele entro tre mesi o datare da oggi.

9° In pagamento del rimanente del suo credito, come pure del prezzo che sarà determinato dal Perito per i terreni fuori della linea, nel caso che la Società ne faccia l'acquisto, il Marchese di Salamancha dichiara fin d'ora di accettare conforme accetta:

*a)* Numero diecimila obbligazioni della Società delle Strade Ferrate Romane col cupone corrente al prezzo di Lire 210 ciascuna. Resta inteso che gl'interessi al 6 per cento sopra i due milioni e centomila lire prezzo delle obbligazioni cesseranno dal 27 Aprile a decorrere a favore del signor Marchese di Salamanca il quale d'altra parte riceverà le obbligazioni suddette col cupone dal 1° Gennaio 1869.

*b)* Diverse tratte della già Società Generale delle Strade Ferrate Romane accettate dal signor Giovanni Olivier York di Londra per la valuta di fr. 564,263 11 che la Società cederà al signor Marchese di Salamanca al 50 per cento, e così per la somma di franchi **duecento ottantadue mila cento trentuno** e centesimi **cinquantacinque**, senza che la Società stessa ne garantisca la esigibilità nè di fatto nè di diritto.

*c)* La conferma della delegazione fatta dal Consiglio della Sezione Sud sul Governo Pontificio per il residuo di circa franchi trecentocinquanta mila.

*d)* La cessione e assegnazione sulle somme che saranno dovute alla Società delle Romane dal Regio Governo in ordine alla citata Convenzione del 30 settembre 1868 e alle scadenze che la Società delle Romane potrà stabilire.

Dichiara il signor marchese di Salamanca che consente a ricevere in moneta italiana, cioè in biglietti di Banca aventi corso forzato, il pagamento delle somme di cui rimarrà creditore dopo le cessioni, assegnazioni e delegazioni come sopra accettate e delle quali si fa parola nel presente articolo alle lettere *a, b, c.*

10° A garanzia della Società per il resto dei prezzi dei quali protessero comunque restar creditori i proprietari dei terreni espropriati la Società riterrà nelle sue mani la somma di lire seicentomila la quale dovrà essere pagata al signor di Salamanca nei modi e termini prescritti dagli Arbitri nella risoluzione della 73ª questione nella sentenza arbitramentale più volte rammentata.

11° Sul capitale dovuto dalla Società delle Strade Ferrate Romane al marchese di Salamanca ridotto e stabilito in lire 6,922,558 51 decorrerà il frutto a scaletta e alla ragione del 6 per cento dal primo settembre 1868 fino all'effettivo pagamento salvo quanto è dichiarato nell'articolo nono lettera *a*, e nel precedente, riguardo alle lire seicentomila.

12° Rimane così definitivamente liquidato ogni e qualunque conto che era rimasto sospeso tra la Società delle Strade Ferrate Romane ed il signor marchese di Salamanca, tranne gli errori di fatto che reciprocamente si potessero verificare al momento della liquidazione definitiva dei conti, ed ora per quando sieno stati adempiti i patti e condizioni che sopra le parti contraenti si fecero e fanno reciprocamente saldo fine e quietanza generale generalissima.

13° Il marchese di Salamanca ora, per quando verrà assicurato del pagamento del suo credito come sopra liquidato, consente che sieno radiate le iscrizioni ipotecarie da esso accese a garanzia dei suoi crediti, esonerando i Conservatori da ogni responsabilità per le radiazioni di dette iscrizioni ed ora per quando la presente dichiarazione non fosse reputata sufficiente si obbliga di rilasciare ogni atto di consenso nelle forme dalla legge prescritte.

14° La presente Convenzione è irretrattabile quanto alla accettazione della sentenza arbitrale, alle respettive renunzie pei lavori non eseguiti e alla liquidazione del respettivo debito e credito; ma quanto ai modi stabiliti pel pagamento non diverrà esecutoria se non quando la Convenzione del 30 settembre 1868 stipulata tra la Società delle Strade Ferrate Romane, ed il regio Governo sarà sanzionata dal Parlamento, ed avrà il suo effetto in relazione all'articolo 14 della detta Convenzione del 30 settembre 1868.

Ben inteso però che se la Convenzione del 30 Settembre non viene approvata dal Parlamento, il debito della Società stabilito dal Lodo rimane diminuito di lire settecento ottantamila (780,000) e così ridotto a lire **sei milioni centoquarantadue mila cinquecento cinquantotto** e centesimi **cinquantuno**, ed il marchese di Salamanca riterrà inoltre le tratte York egualmente al 50 per cento ed il pagamento del resto del credito sarà effettuato in moneta italiana o in biglietti della Banca aventi corso forzato.

15° Le spese dell'atto presente sono a carico delle parti a perfetta metà.

16° Il marchese di Salamanca per gli effetti tutti di che nella presente Convenzione elegge il suo domicilio in Firenze, via Cavour, N° 14.

Fatto in duplice originale da valere ad un solo e medesimo effeto.

*firmato* G. DE MARTINO N. N.
JOSÉ DI SALAMANCA.
AVV. ADRIANO del fu ALESS. MARI, test.
Ing. LEOPOLD del fu ANT. MIROTTI, test.
AVV. BRUTO del fu GRAZIANO SINIGAGLIA, test.

## Longueur des lignes composant le réseau social au 31 décembre 1868.

| | KILOMÈTRES | | | | |
|---|---|---|---|---|---|
| | sur le territoire italien | sur le territoire pontifical | TOTAL | en exploitation | en construction |
| **Section Nord.** | | | | | |
| Florence-Livourne............... N. | 98 | » | 98 | 98 | » |
| Florence-Pistoia-Pise......... (*) » | 99 | » | 99 | 99 | » |
| Florence-Foligno................. » | 205 | » | 205 | 205 | » |
| Livourne-Chiarone............... » | 204 | » | 204 | 204 | » |
| Cecina-Saline.................... » | 30 | » | 30 | 30 | » |
| Pise-Massa................. (*) » | 42 | » | 42 | 42 | » |
| Massa-Spezia (compris Avenza-Carrare).................. (*) 39 / Spezia à la frontière française. 252 | 291 | » | 291 | 114 | 177 |
| Empoli-Orte....................... » | 229 | 7 | 236 | 194 | 42 |
| Asciano-Grosetto................. » | 96 | » | 96 | 22 | 74 |
| TOTAL de la Section Nord... N. | 1294 | 7 | 1301 | 1008 | 293 |
| **Section Sud.** | | | | | |
| Rome-Ancône.................. N. | 229 | 57 | 286 | 286 | » |
| Rome-Ceprano-Frascati.......... » | » | 129 | 120 | 129 | » |
| Rome-Civita-Vecchia-Chiarone.... » | » | 131 | 131 | 131 | » |
| Ceprano-Naples.................. » | 138 | » | 138 | 138 | » |
| Cancello-Avellino................ » | 74 | » | 74 | 44 | 30 |
| TOTAL de la Section Sud.... N. | 441 | 317 | 758 | 728 | 30 |
| TOTAL pour les 2 Sect. réunies. N. | 1735 | 324 | 2059 | 1736 | 323 |
| *Lignes concédées éventuellement.* | | | | | |
| Spezia-Parme................. N. | 120 | » | 120 | » | » |
| Terni-Avezzano.................. » | 92 | » | 92 | » | » |
| Avezzano-Ceprano............... » | 79 | » | 79 | » | » |
| TOTAL N. | 291 | » | 291 | | |
| TOTAL GÉNÉRAL N. | 2026 | 324 | 2350 | | |

(*) Lignes devant être cédées d'après la convention du 30 septembre 1868.

**Lunghezza delle Linee dopo l'esecuzione della Convenzione del 30 Settembre 1868.**

---

| | | | |
|---|---|---|---|
| Sopra i Chilometri in esercizio cioè sopra.............. | | | 1.736 |
| bisogna dedurre le linee cedute al seguito della Convenzione del 30 Settembre 1868 : | | | |
| Firenze-Pistoja-Pisa.......................... | 99 | | |
| Pisa-Massa.................................. | 42 | 180 | 255 |
| Massa-Spezia con diramazione Avenza-Carrara.... | 39 | | |
| Linea in esercizio sulla Liguria (Convenzione 30 Settembre 1868)........................... | 75 | 75 | |
| Totale dei Chilometri della Liguria... ......... | 114 | | |
| Totale in Esercizio................. | | | 1.481 |

| | | |
|---|---|---|
| Sul territorio Italiano................. | 1.164 | 1.481 |
| Sul territorio Pontifico................. | 317 | |

Chilometri da costruirsi :

| | | |
|---|---|---|
| Orvieto a Orte............................... | 42 | 146 |
| Torrenieri a Grosetto......................... | 74 | |
| San Severino a Avellino...................... | 30 | |
| Totale generale..................... | | 1.627 |

---

# SEZIONE NORD

**Inventario del Materiale Mobile della Sezione Nord esistente al 31 Dicembre 1868.**

| DESIGNAZIONE DEL MATERIALE. | MATERIALE IN ESSERE al 31 Dicembre 1867. | | VARIAZIONI nel corso dell'anno 1868. | | | MATERIALE IN ESSERE al 31 Dicembre 1868. | |
|---|---|---|---|---|---|---|---|
| | Quantità. | VALORE. | Disfatti perchè inservibili. | Costruite nelle Officine Sociali. | Acquistati. | Quantità. | VALORE. |
| Locomotive.......N. | 98 | 4,967,890. 74 | » | » | » | 98 | 5,005,590.09 (a) |
| Vetture Reali...... » | 2 | 40,990. 06 | 1 | » | » | 1 | 31,203.96 (b) |
| » Distinta.... » | 10 | 119,013. 19 | » | 1 | » | 11 | 133,025.32 (b) |
| » di 1ª Classe. » | 62 | 610,573. 19 | » | 6 | » | 68 | 672,580.25 (c) |
| » Miste...... » | 19 | 183,000. » | » | » | » | 19 | 183,000. » |
| » di 2ª Classe. » | 110 | 835,010. 39 | 6 | 4 | » | 108 | 805,891.95 (d) |
| » di 3ª Classe. » | 293 | 1,342,813. 11 | 12 | 6 | » | 287 | 1,314,455.91 (e) |
| Bagagliai......... » | 59 | 357,322. 45 | 4 | 1 | » | 56 | 340,942.06 (f) |
| Cavallai.......... » | 37 | 151,500. » | » | » | » | 37 | 151,500. » |
| Piatteforme....... » | 13 | 28,600. » | » | » | » | 13 | 28,600. » |
| Vagoni coperti.... » | 804 | 3,177,692. 93 | » | » | » | 804 | 3,437,187.95 (g) |
| » a Cassetta.. » | 250 | 653,266. 95 | 5 | 20 | » | 265 | 697,728.18 (h) |
| » Piatti...... » | 206 | 710,869. 67 | 22 | » | » | 184 | 653,469.67 (l) |
| » » a bilico. » | 34 | 103,800. » | » | 2 | » | 36 | 115,689.31 |
| » per treni Materiali... » | 74 | 106.011. 86 | 4 | » | » | 70 | 102,666.95 |
| Valore di Ferramenti utilizzabili provenienti da'Veicoli disfatti.......... | » | 109,327. 14 | » | » | » | » | 62,535.32 |
| TOTALI...... | 1973 | 13,497,681. 68 | 54 | 40 | » | 1959 | 13,736,066.92 |

## Annotazioni.

(a) L'aumento proviene dall' acquisto di diversi di ricambio; (b) la variazione proviene da una Vettura Reale trasformata a Distinta; (c) 6 Seconde Classi trasformate a 1ª; (d) 4 Vetture di 3ª vennero trasformate in 2ª Classi; (e) 8 Vetture di 3ª furono disfatte e 6 ricostruite; (f) 4 Bagagliai disfatti ed 1 ricostruito; (g) Chiusura di Vagoni Bovai, ed acquisto di N. 50 Vagoni già portati in numero nel 1867; (h) 5 Vagoni a Cassetta furono disfatti e 20 ridotti a Vagoni piatti; (l) 2 Vagoni piatti ridotti a bilico.

## SEZIONE SUD

**Stato comparativo del Materiale mobile esistente al 31 Dicembre degli Anni 1867 e 1868.**

| ENUNCIATIVA DEL MATERIALE MOBILE | QUANTITA' | | OSSERVAZIONI |
|---|---|---|---|
| | 1867 | 1868 | |
| Locomotive e Tenders | 103 | 103 | |
| Vetture di lusso | 5 | 5 | Comprese 2 Vetture per il S. Padre. |
| » di 1.ª Classe | 68 | 68 | |
| » Miste | 18 | 14 | N. 4 Demol. a Napoli d'ord. della Società. |
| » di 2.ª Classe | 58 | 56 | » 2 » » » |
| » di 3.ª Classe | 199 | 191 | » 8 » » » |
| Furgoni a bagagli | 40 | 39 | » 1 » » » |
| Vagoni a scuderia | 7 | 7 | |
| Trucks da equipaggi | 7 | 7 | |
| Vagoni per Merci | 408 | 413 | » 5 Costruite dalle Officine di Napoli. |
| » per Carbone | 132 | 134 | » 2 » » » |
| » piatti | 346 | 322 | » 24 Demol. a Napoli d'ord. della Società. |
| » da Pietrisco | 78 | 78 | |
| » per Legna | 24 | 24 | |
| » da Soccorso | 8 | 8 | |
| | 1501 | 1469 | N. 39 Demoliti.<br>» 7 Costruiti. |

# STRADE FERRATE ROMANE



## Riassunto delle Spese per Rete e per Sezione

| DETTAGLIO | TOTALI delle 3 RETI | Chil. 1705 MEDIA chilometrica annuale — Media 1682 | RETE NORD | | | | | | | | CENTR. TOSCANA | | RETE SUD | | | | | | |
|---|---|---|---|---|---|---|---|---|---|---|---|---|---|---|---|---|---|---|---|
| | | | Chil. 98 LINEA sinistra Chil. 98 | Chil. 99 LINEA destra Chil. 99 | SEZIONE DI: Chil. 81 Pisa Spezia Chil. 81 | SEZIONE DI: Chil. 205 Firenze Foligno Chil. 205 | SEZIONE DI: Chil. 234 Maremmana Chil. 234 | Chil. 44. Genova Savona Chil. 21 | TOTALI | Chil. 761 MEDIA chilometrica — Chil. 738 | Empoli a Orvieto e Asciano a Torrenieri | Chil. 216 MEDIA chilometrica annuale Chil. 216 | SEZIONE DI: Chil. 131 Roma Chiarone al Chil. 131 | SEZIONE DI: Chil. 129 Roma a Ceprano e Frascati Chil. 129 | SEZIONE DI: Chil. 57 Roma all'Adriatico Stati Pontif. Chil. 57 | SEZIONE DI: Chil. 229 Roma all'Adriatico Stati Italiani Chil. 229 | SEZIONE DI: Chil. 182 Ceprano a Napoli e S. Severino Chil. 182 | TOTALI | Chil. 728 MEDIA chilometrica annuale Chil. 728 |
| 1° Consiglio d'Amministr.. | 600.420 10 | | 33.053 33 | 31 037 33 | 14.256 30 | 39.070 72 | 31.833 61 | » | 149.200.29 | | 27.877 09 | | 64.047 56 | 77.509 66 | 29.268 08 | 131.513 39 | 120.963 53 | 433.282 19 | |
| Media chilometrica | | 356 97 | 337 28 | 313 51 | 176 00 | 190 63 | 136 04 | | | 202 25 | | 129 06 | 488 70 | 600 65 | 513 48 | 574.29 | 664 64 | | 581 43 |
| 2° Interessi e Commissioni di Banca.............. | 234.084 39 | | 24.826 58 | 22.410 05 | 12.015 31 | 32.636 42 | 30.134 82 | 1.063 05 | 123.086 26 | | 13.818 75 | | 12.680 36 | 19.110 76 | 6.111 47 | 29.368 43 | 29.899 34 | 97.179 38 | |
| Media chilometrica | | 139 17 | 253 33 | 226 36 | 148 34 | 159 20 | 128 78 | 50 62 | | 166 78 | | 63 97 | 96 79 | 148 21 | 107 22 | 128 24 | 164 27 | | 133 48 |
| 3° Interessi e Ammortizzazione dei titoli ....... | » | » | » | » | » | » | » | » | » | » | » | » | » | » | » | » | » | » | » |
| Media chilometrica | » | » | » | » | » | » | » | » | » | » | » | » | » | » | » | » | » | » | » |
| TOTALI... | 834.504 49 | | 57.879 91 | 53.447 38 | 26.271 64 | 71.716 14 | 61.968 43 | 1.063 05 | 272.346 55 | | 41.696 87 | | 76.707 91 | 96.629 44 | 35.379 55 | 160 881 82 | 150.862 87 | 530.461 57 | |
| Media chilometrica | | 490 14 | 590 61 | 539 87 | 324 34 | 349 83 | 264 82 | 50 62 | | 369 03 | | 193 03 | 585 55 | 749 06 | 620 70 | 702 53 | 828 91 | | 714 91 |
| 4° Direzione ................ | 760.313 88 | | 40.078 95 | 40.484 93 | 33.003 11 | 83.832 46 | 97.867 49 | 2.014 56 | 297.281 51 | | 65.173 53 | | 77.470 31 | 67.438 71 | 30.520 85 | 118.944 10 | 103.484 87 | 397.858 84 | |
| Media chilometrica | | 452 02 | 408 96 | 408 94 | 407 46 | 408 93 | 418 25 | 95 93 | | 402 82 | | 301 72 | 591 38 | 522 78 | 535 45 | 519 40 | 568 59 | | 546 50 |
| 5° Movimento.............. | 3.440.744 16 | | 563.649 12 | 492.298 38 | 180.533 39 | 374.227 43 | 264.608 48 | 53.631 28 | 1.929.248 08 | | 256.299 55 | | 177.437 65 | 190.209 56 | 72.977 69 | 446.960 32 | 358.611 51 | 1.255.196 73 | |
| Media chilometrica | | 2.045 63 | 5.753 57 | 4.973 72 | 2.228 80 | 1.825 50 | 1.130 81 | 2.553 87 | | 2.614 16 | | 1.186 57 | 1.354 48 | 1.544 26 | 1.280 31 | 1.951 80 | 1.970 39 | | 1.724 18 |
| 6° Mant. e Serv. Linea.... | 3.448.038 32 | | 363.220 70 | 278.197 59 | 153.800 75 | 472.531 41 | 541.207 70 | 31.480 77 | 1.835.567 92 | | 319.886 38 | | 286.277 29 | 268.439 26 | 133.194 16 | 348.232 08 | 256 340 33 | 1.292.554 02 | |
| Media chilometrica | | 2.049 97 | 3.706 33 | 2.753 57 | 1.809 51 | 2.305 04 | 2.313 10 | 1.499 51 | | 2.487 22 | | 1.480 96 | 2.185 33 | 2.080 93 | 2.336 74 | 1.521 11 | 1.408 46 | | 1.775 53 |
| 7° Trazione................ | 3.062.820 96 | | 289.614 13 | 278.120 40 | 129.941 21 | 439.495 71 | 257.933 26 | 75.058 95 | 1.470.163 66 | | 258.942 97 | | 136.545 99 | 227.657 87 | 71.673 57 | 446.817 19 | 451.019 79 | 1.333.714 35 | |
| Media chilometrica | | 1.820 95 | 2.955 24 | 2.809 30 | 1.604 21 | 2.143 88 | 1.102 27 | 3.574 24 | | 1.992 09 | | 1.198 81 | 1.042 33 | 1.764 78 | 1.257 43 | 1.951 17 | 2.478 14 | | 1.832 03 |
| 8° Materiale Mobile ....... | 1.137.381 75 | | 84.195 06 | 80.876 69 | 38.106 12 | 128.029 42 | 75.439 53 | 6.176 88 | 412.823 70 | | 106.137 29 | | 67.123 11 | 111.882 45 | 37.613 84 | 156.719 36 | 245.102 00 | 618.420 76 | |
| Media chilometrica | | 676 20 | 859 1 4 | 816 93 | 470 44 | 624 53 | 322 39 | 294 14 | | 559 38 | | 491 37 | 512 30 | 867 16 | 659 89 | 684 36 | 1.346 72 | | 849 48 |
| TOTALI.... | 11.849.299 09 | | 1.340.957 96 | 1.165.077 99 | 535.444 58 | 1.498.116 42 | 1.237.116 46 | 168.371 48 | 5.945.084 87 | | 1.005.439 59 | | 744.854 29 | 874.607 65 | 345.980 11 | 1.517.773 95 | 1.414.558 50 | 4.897.774 70 | |
| Media chilometrica | | 7.044 77 | 13.683 24 | 11.768 46 | 6.010 42 | 7.307 88 | 5.286 82 | 8.017 69 | | 8.055 67 | | 4.659 44 | 5.685 91 | 6.779 91 | 6.069 82 | 6.627 84 | 7.772.30 | | 6.727 72 |
| 8° bis. Lavori straordinari | 10.897 53 | | | 13.150 30 | | | | | 13.150 30 | | 7.168 54 | | 3.728 00 | » | » | » | » | 3.728 99 | » |
| Media chilometrica | | 6 47 | | | | | | | | | | | | | | | | | |
| 8° bis. Materiale nuovo .... | | | | | | | | | | | | 33 19 | 28 47 | | | | | | 5 12 |
| TOTALI GENERALI... | 12.694.701 11 | | 1.398.837 87 | 1.218.525 37 | 561.716 22 | 1.569.832 56 | 1.299.084 89 | 169.434 51 | 6.217.431 42 | | 1.036.304 43 | | 825.291 19 | 971.237 29 | 381.359 84 | 1.678.665 77 | 1.565.421 37 | 5.421.965 26 | |
| Media chilometrica | | 7.547 38 | 14.273.85 | 12.308 33 | 6.934 76 | 7.657 71 | 5.551 64 | 8.068 31 | | 8.434 70 | | 4.685 66 | 6.299 93 | 7.528 97 | 6.690 58 | 7.330 37 | 8.601 21 | | 7.447 75 |

# STRADE FERRATE ROMANE

Esercizio 1868 — Dal 1° Gennajo al 31 Dicemb[re]

## Riassunto degli Introiti per Rete e per Sezione, Riporto delle spese e prodotti netti

| DETTAGLIO | TOTALI delle 3 RETI | Chil. 1705 MEDIA chilometrica annuale — Esercitati in media Ch. 1682 | RETE NORD — LINEA sinistra Ch. 98 | LINEA destra Ch. 99 | SEZIONE DI — Pisa Spezia Ch. 81 | SEZIONE DI — Firenze Foligno Ch. 205 | SEZIONE DI — Maremmanne Ch. 234 | Ch. 44 Savona Genova Ch. 21 |
|---|---|---|---|---|---|---|---|---|
| Viaggiatori | 11.723.685 53 | 6.970 08 | 2.226.096 33 | 1.289.631 49 | 487.002 70 | 1.178.003 47 | 603.777 32 | 254.041 64 |
| Media chilometrica | | | 22.715 27 | 13.026 57 | 6.012 37 | 5.721 96 | 2.580 25 | 12.097 22 |
| Bagagli e Cani | 685.558 50 | 407 59 | 108.080 30 | 38.968 72 | 17.196 30 | 69.968 54 | 28.866 74 | 40.821 60 |
| Media chilometrica | | | 1.102 96 | 393 63 | 212 30 | 341 32 | 123 36 | 515 32 |
| Merci a grande velocità | 946.231 86 | 562 57 | 174.600 59 | 146.129 40 | 29.111 43 | 93.772 80 | 40.133 38 | 10.278 91 |
| Media chilometrica | | | 1.781 64 | 1.476 05 | 360 40 | 457 42 | 171 51 | 489 47 |
| Merci a piccola velocità | 5.297.645 90 | 3.149 61 | 1.477.022 58 | 665.105 61 | 303.038 85 | 432.089 54 | 258.971 17 | 47.854 70 |
| Media chilometrica | | | 15.080 84 | 6.718 24 | 3.728 88 | 2.107 75 | 1.106 72 | 2.278 79 |
| Veicoli, Bestiame, Feretri a G.V. | 205.053 28 5 | 121 90 | 40.833 05 | 19.020 03 | 4.414 96 | 82.339 45 | 7.027 89 | 66 18 |
| Media chilometrica | | | 416 66 | 192 12 | 54 51 | 401 65 | 33 88 | 3 15 |
| Veicoli, Bestiame, Feretri a P.V. | 48.971 05 | 29 12 | 3.144 74 | 2.463 97 | 212 53 | 5.784 92 | 166 49 | » |
| Media chilometrica | | | 32 09 | 24 89 | 2 62 | 28 22 | 79 | |
| Prodotti supplementari | 318.252 07 5 | 189 21 | 58.032 63 | 27.810 18 | 8.360 71 | 29.971 65 | 16.703 61 | 3.996 30 |
| Media chilometrica | | | 592 16 | 280.91 | 101 98 | 146 21 | 71 38 | 190 31 |
| TOTALI | 19.226.368 20 5 | | 4.088.719 22 | 2.189.129 10 | 846.237 48 | 1.886.920 37 | 950.566 06 | 327.059 59 |
| Media chilometrica | | 11.430 08 | 41.721 69 | 22.112 41 | 10.472 06 | 9.204 53 | 4.087 89 | 15.574 26 |
| Riporti delle spese | 12.694.701 11 | | 1.398.837 87 | 1.218.525 37 | 561.716 22 | 1.569.832 50 | 1.290.084 89 | 169.434 51 |
| Media chilometrica | | 7.547 38 | 14.273 86 | 12.308 33 | 6.934 70 | 7.657 71 | 5.561 64 | 8.068 31 |
| Ecced.e delle Spese sugl'Introiti | | | | | | | 342.518 29 | |
| Ecced.e degl'Introiti sulle Spese | 6.530.667 09 5 | | 2.689.881 35 | 970.603 73 | 286.521 26 | 317.096 81 | | 157.625 08 |
| Media chilometrica | | 3.882 76 | 27.447 77 | 9.804 08 | 3.537 30 | 1.546 82 | 1.463 75 | 7.506 95 |

| DETTAGLIO | Ch. 761. TOTALE Ch. 738. | MEDIA chilometrica annuale | CENTR. TOSCANA — Ch. 216. Empoli Orte e Asciano a Grosseto Ch. 216. | CENTR. TOSCANA — MEDIA chilometrica annuale | RETE SUD — SEZIONE DI — Ch. 131. Roma al Chiarone Ch. 131. | SEZIONE DI — Ch. 129. Roma a Ceprano e Frascati Ch. 129. | SEZIONE DI — Ch. 57. Roma all'Adriatico Stati Pontif. Ch. 57. | SEZIONE DI — Ch. 229. Roma all'Adriatico Stati Italiani Ch. 229. | SEZIONE DI — Ch. 182. Ceprano a Napoli e S. Severino Ch. 182. | Ch. 728. TOTALI Ch. 728 | ME[DIA] chilom[etrica] annu[ale] |
|---|---|---|---|---|---|---|---|---|---|---|---|
| Viaggiatori | 6.033.551 65 | 8.175 54 | 503.702 57 | 2.365 34 | 505.337 87 5 | 1.224.560 90 | 604.180 52 | 1.383.280 06 5 | 1.465.995 35 | 5.181.381 31 | 7. |
| Media chilometrica | | | | | 3.857 54 | 9.477 43 | 10.599 68 | 6 040 86 | 8.054 91 | | |
| Bagagli e Cani | 273.911 26 | 371 16 | 12.020 05 | 55 65 | 58.111 79 | 93.857 32 | 72.500 60 | 89.465 33 | 85.632 15 | 299.627 19 | |
| Media chilometrica | | | | | 443 60 | 727 57 | 1.272 99 | 390 68 | 470 68 | | |
| Merci a grande velocità | 494.026 51 | 663 42 | 39.661 14 | 183 61 | 49.480 05 | 61.010 54 | 60.335 40 | 189.822 14 5 | 51.866 08 | 412.544 21 5 | |
| Media chilometrica | | | | | 377 71 | 479 18 | 1.059 52 | 828 91 | 284 98 | | |
| Merci a piccola velocità | 3.183.982 45 | 4.314 34 | 395.580 05 | 1.831 39 | 391.920 09 5 | 210.392 06 | 143.834 34 | 623.200 40 | 349.137 50 | 1.718.083 40 | 9. |
| Media chilometrica | | | | | 2.591 70 | 1.630 94 | 2.514 63 | 2.721 83 | 1.018 53 | | |
| Veicoli, Bestiame, Feretri a G.V. | 154.001 56 | 209 46 | 34.499 26 | 159 72 | 241 76 | 433 95 | 2.251 50 | 6.067 76 5 | 6.327 49 | 15.922 46 5 | |
| Media chilometrica | | | | | 1 84 | 3 36 | 30 50 | 29 17 | 34 77 | | |
| Veicoli, Bestiame, Feretri a P.V. | 11.792 65 | 15 98 | » | » | 5.835 40 | 3.843 80 | 4.763 50 | 15.608 40 | 7.607 30 | 37.178 40 | |
| Media chilometrica | | | | | 40 88 | 29 81 | 83 57 | 68 16 | 41 74 | | |
| Prodotti supplementari | 144.775 28 | 196 17 | 19.587 80 | 96 67 | 2.625 07 | 3.233 24 | 1.019 02 | 21.470 16 5 | 125.541 50 | 151.888 99 5 | |
| Media chilometrica | | | | | 20 02 | 25 05 | 17 88 | 93 75 | 689 99 | | |
| TOTALI | (a) 10.296.641 36 | | 1.010.160 87 | | 1.013.072 04 | 1.595.387 81 5 | 888.444 88 | 2.329.613 87 | 2.002.107 37 | 7.918.625 97 5 | |
| Media chilometrica | | 13.952 09 | | 4.676 38 | 7.733 35 | 12.387 84 | 15.586 76 | 10.173 16 | 11.495 60 | | 10. |
| Riporti delle spese | 6.217.431 42 (b) | | 1.055.301 43 | | 835.291 19 | 971.237 29 | 381.359 64 | 1.678.655 77 | 1.505.421 37 | 5.421.965 26 | |
| Media chilometrica | | 8.424 70 | | 4.685 06 | 6.290 93 | 7.326 97 | 6.699 52 | 7.380 37 | 8.801 21 | | 7. |
| Ecced.e delle Spese sugl'Introiti | | | 45.203 56 | | | | | | | | |
| Ecced.e degl'Introiti sulle Spese | 4.079.209 94 | | | | 187.780 85 | 624.150 52 5 | 507.085 24 | 650.958 10 | 526.686 00 | 2.496.660 71 5 | |
| Media chilometrica | | 5.527 39 | | 208 28 | 1.433 42 | 4.838 37 | 8.896 23 | 2.842 79 | 2.894 39 | | 3. |

(a) Ammontare dei Prodotti della Sezione Nord come dal presente Prospetto . . . . . L. 10,296,641 36
Si deducono : Per il Prodotto della Linea **Genova e Savona** perchè non definitivamente Liquidate . . . . . L. 327,059 59
Per il Prodotto del 2° Semestre della Linea **Firenze** per **Pistoia Pisa** e da **Pisa alla Spezia** esercitata per conto del Governo . . . . . » 1,558,311,49 } » 1,885,371 08
L. 8,411,270, 28
Si aumentano. Per Saldo dei Prodotti degli Anni antecedenti . . . . . » 29,201 77
Somma eguale a quella portata nella Dimostrazione del Conto Esercizio a Bilancio . . . . . L. 8,440,472 05

(b) Ammontare delle Spese della Sezione Nord come dal presente Prospetto . . . . . L. 6,217,43[…]
Si deducono : Le spese della Linea **Genova e Savona** perchè non definitivamente Liquidate . . . . . L. 169,434 51
Le spese del 2° Semestre della Linea **Firenze** per **Pistoia Pisa**, e da **Pisa alla Spezia** esercitata per Conto del Governo . . . . . » 910,405 90 } » 1,079,84[…]
L. 5,137,59[…]
Si aumentano. Per Spese degli Esercizi antecedenti . . . . . » 6,75[…]
Somma eguale a quella portata nella Dimostrazione del Conto Esercizio a Bilancio . . . . . L. 5,144,35[…]

## CHEMINS DE FER ROMAINS

# BILAN GÉNÉRAL

## 1868

## ACTIF

# ACTIF

| | | | | ANCIENNE SOCIÉTÉ LIVOURNAISE. | ANCIENNE SOCIÉTÉ des MAREMMES. | ANCIENNE SOCIÉTÉ de la TOSCANE CENTRALE. | ANCIENNE SOCIÉTÉ Générale DES CHEMINS DE FER ROMAINS. | TOTAUX. |
|---|---|---|---|---|---|---|---|---|
| ncienne Société Livournaise............ | Ligne de Florence à Livourne et travaux divers — Bilan précédent... L. | 38.114.843 25 | | | | | | |
| | A ajouter : Exercice 1868.................................. » | 38.225 12 | 38.153.068 37 | | | | | |
| | Lignes achetées.................................................. » | .............. | 29.859.850 94 | | | | | |
| | Ligne de Pise à Massa et travaux divers — Bilan précédent.......... L. | 14.519.235 36 | | | | | | |
| | A ajouter : Exercice 1868.................................. » | 1.691 87 | 14.520.927 23 | | | | | |
| | Ligne Aretina (*Série* D[1] D[2]) — Bilan précédent.................... L. | 67.426.915 02 | | | | | | |
| | A ajouter : Exercice 1868.................................. » | 1.083.526 86 | 68.510.441 88 | | | | | |
| igne de la Ligurie...... | Bilan précédent.................................................. L. | 144.129 55 | | | | | | |
| | A ajouter : Exercice 1868.................................. » | 23.028 15 | 167.757 70 | | | | | |
| | | | 148.212.146 12 | 148.212.146 12 | .............. | .............. | .............. | 148.212.146 12 |
| ncienne Société des Maremmes............ | Construction des lignes — Bilan précédent.................... L. | .............. | .............. | .............. | 31.033.274 13 | .............. | .............. | 31.033.274 13 |
| ncienne Société de la Toscane Centrale ...... | Ligne d'Empoli à Sienne — Bilan précédent.......................... L. | 9.181.941 75 | | | | | | |
| | A ajouter : Exercice 1868.................................. » | .............. | 9.181.941 75 | | | | | |
| | Ligne de Sienne à Orte — Bilan précédent.......................... L. | 21.778.073 69 | | | | | | |
| | A ajouter : Exercice 1868.................................. » | 1.329.464 84 | 23.107.838 53 | | | | | |
| | | | 32.289.780 28 | .............. | .............. | 32.289.780 28 | .............. | 32.289.780 28 |
| Ancienne Société générale des Chemins de fer Romains................ | Ligne de Rome à Civita-Vecchia — Bilan précédent................ L. | 24.522.147 22 | | | | | | |
| | A déduire : somme portée par erreur à la charge de ce compte en 1867, et qui devait être imputée à la ligne de Bologne à Ancône. » | 50 14 | 24.522.097 08 | | | | | |
| | Ligne de Rome à Bologne — Bilan précédent........................ L. | 70.890.305 03 | | | | | | |
| | A ajouter : Exercice 1868.................................. » | 34.897 66 | 70.925.202 69 | | | | | |
| | Ligne de Bologne à Ferrare (Frais d'études) — Bilan précédent....... L. | .............. | 21.256 » | | | | | |
| | Embranchement de Ravenne à Castel-Bolognèse — Bilan précédent... » | .............. | 6.300.213 30 | | | | | |
| | Embranchements sur la Toscane (Frais d'études).................. L. | .............. | 16.981 38 | | | | | |
| | Ligne de Rome à Frascati, Albano et paiements faits à la Pio-Latina.. » | .............. | 12.662.197 » | | | | | |
| | Ligne de Rome à Naples et Avellino — Bilan précédent.............. » | 6.382.614 79 | | | | | | |
| | A ajouter : Exercice 1868.................................. » | 29.837 71 | 6.412.452 50 | | | | | |
| | Ligne de Civita-Vecchia au Chiarone — Bilan précédent............ L. | 953.973 20 | | | | | | |
| | A ajouter : Exercice 1868.................................. » | 9.165.932 01 | 10.119.905 21 | | | | | |
| | *A reporter*.......... L. | .............. | 130.980.305 16 | 148.212.146 12 | 31.033.274 13 | 32.289.780 28 | .............. | 211.535.200 53 |

| ACTIF | | | | ANCIENNE SOCIÉTÉ LIVOURNAISE. | ANCIENNE SOCIÉTÉ des MAREMMES. | ANCIENNE SOCIÉTÉ de la TOSCANE CENTRALE. | ANCIENNE SOCIÉTÉ Générale DES CHEMINS DE FER ROMAINS. | TOTAUX. |
|---|---|---|---|---|---|---|---|---|
| | *Report*..... L. | .............. | 130.989.305 16 | 148.212.146 12 | 31.033.274 13 | 32.289.780 28 | .............. | 211.535.200 53 |
| | **Dépenses à répartir entre toutes les lignes.** | | | | | | | |
| Ancienne Société générale des Chemins de fer Romains............... (SUITE.) | Administration centrale : Conseil d'administration (Paris et Rome) — Personnel et dépenses diverses — Assurances — Loyers — Contributions — Dépenses générales — Bilan précédent........................ L. | 3.359.253 80 | | | | | | |
| | A ajouter : Exercice 1868........................................ » | 9.059 99 | 3.368.313 79 | | | | | |
| | Intérêts des Actions, des Obligations, Commissions, etc. — Bilan précédent........................................................ L. | 111.800.092 41 | | | | | | |
| | A ajouter : Exercice 1868........................................ » | 13.696.484 06 | 125.496.577 07 | | | | | |
| | Service Central : Contrôle des travaux et du matériel — Personnel et dépenses diverses — Bilan précédent.............................. L. | .............. | 1.056.300 30 | | | | | |
| | Entreprise J. de Salamanca et paiements faits à divers — Bilan précédent.......................................................... » | 103.500.688 37 | | | | | | |
| | A ajouter : Exercice 1868........................................ » | 8.456.932 10 | 111.957.020 47 | | | | | |
| | | | 372.859.116 79 | .............. | .............. | .............. | 372.859.116 79 | 372.859.116 79 |
| | **Dépenses d'ordre.** | | | | | | | |
| | Différence entre la prix de vente et le prix de remboursement des titres : | | | | | | | |
| | Sur 3,591 Obligations livournaises.............................. L. | .............. | 1.000.222 43 | | | | | |
| | — 342 — des Maremmes........................................ » | .............. | 52.029 10 | | | | | |
| | — 98 — de la Toscane Centrale.................................. » | .............. | 10.045 64 | | | | | |
| | — 7,964 Titres Romains......................................... » | .............. | 1.935.165 19 | | | | | |
| | L. | .............. | 2.997.462 30 | 1.000.222 43 | 52.029 10 | 10.045 64 | 1.935.165 19 | 2.997.462 36 |
| | Actions trentenaires privilégiées amorties par l'ancienne Société Générale des Chemins de fer Romains.................................. L. | .............. | .............. | .............. | .............. | .............. | 362.850 » | 362.850 » |
| | **Comptes à liquider.** | | | | | | | |
| Ancienne Société Livournaise............... | Dépenses d'Exploitation 1864..................................... L. | .............. | 53.002 42 | | | | | |
| | Solde des garanties des titres jusqu'au 14 mai 1865.............. » | .............. | 5.013.669 06 | | | | | |
| | Paiements faits à divers.......................................... » | .............. | 19.646.171 72 | | | | | |
| | Exploitation de la Ligne de la Maremme au 14 mai 1865............ » | .............. | 1.451.985 49 | | | | | |
| | Dettes, comptes courants.......................................... » | .............. | 1.683.463 50 | | | | | |
| | Travaux extraordinaires sur la Ligne des Maremmes au 14 mai 1865... » | .............. | 349.381 54 | | | | | |
| | Charges de l'Emprunt national..................................... » | .............. | 6.018 72 | | | | | |
| | Subventions kilométriques 1865 à 1867............................. » | 22.659.707 01 | 33.165.091 77 | | | | | |
| | — — 1868.......................................................... » | 10.505.384 76 | | | | | | |
| | Sommes saisies et déposées au Tribunal pour compte des créanciers.... » | .............. | 243.684 88 | | | | | |
| | L. | .............. | 61.882.169 10 | 61.882.169 10 | .............. | .............. | .............. | 61.882.169 10 |
| | *A reporter*.... L. | .............. | | 211.094.537 65 | 31.085.303 23 | 32.299.825 92 | 375.157.131 98 | 649.636.798 78 |

| | ACTIF | | | ANCIENNE SOCIÉTÉ LIVOURNAISE. | ANCIENNE SOCIÉTÉ des MAREMMES. | ANCIENNE SOCIÉTÉ de la TOSCANE CENTRALE. | ANCIENNE SOCIÉTÉ Générale DES CHEMINS DE FER ROMAINS. | TOTAUX. |
|---|---|---|---|---|---|---|---|---|
| | *Report*...... L. | ............. | | 211.094.537 65 | 31.085.303 23 | 32.299.825 92 | 375.157.131 98 | 649.636.798 78 |
| Ancienne Société la Toscane Centrale. | Subvention kilométrique 1865 à 1867............L. | ............. | 7.342.416 60 | | | | | |
| | — — 1868............» | ............. | 2.862.000 » | | | | | |
| | L. | ............. | 10.204.416 60 | ............. | ............. | 10.204.416 60 | ............. | 10.204.416 60 |
| Ancienne Société rale des Chemins de fer Romains. | Gouvernement italien : Solde dû sur les anciennes garanties......L. | 15.683.899 89 | | | | | | |
| | Intérêts sur les garanties de 1868..........» | 891.411 31 | 16.575.311 20 | | | | | |
| | Subvention kilométrique 1865, 1866, 1867...» | 11.930.946 39 | | | | | | |
| | — — 1868..............» | 5.445.750 » | 17.376.696 39 | | | | | |
| | Gouvernement pontifical : Solde dû sur les anciennes garanties — Exercices 1863 à 1867............» | 3.144.941 28 | | | | | | |
| | Subvention pour 1868..................» | 2.500.000 » | 5.644.941 25 | | | | | |
| | L. | ............. | 39.596.948 84 | ............. | ............. | ............. | 39.596.948 84 | 39.596.948 84 |
| | Société des Chemins de fer Romains (Société fusionnée); Virement des sommes appartenant à la section sud............L. | ............. | ............. | ............. | ............. | ............. | 2.906.953 03 | 2.906.953 03 |
| | **Nouvelles Actions de la Société fusionnée.** | | | | | | | |
| | Ancienne Société Livournaise 13,440............L. | ............. | 6.720.000 » | | | | | |
| | — des Maremmes 12,700............L. | ............. | 6.350.000 » | | | | | |
| | L. | ............. | 13.070.000 » | 6.720.000 » | 6.350.000 » | ............. | ............. | 13.070.000 » |
| | **Intérêts et Amortissement des Titres.** | | | | | | | |
| | Ancienne Société Livournaise 1865 à 1867............» | 28.379.044 49 | | | | | | |
| | — — 1868............» | 9.735.126 80 | 38.114.171 29 | | | | | |
| | Ancienne Société de la Toscane centrale 1865 à 1867............» | 4.107.024 65 | | | | | | |
| | — — 1868............» | 1.140.800 » | 5.247.824 65 | | | | | |
| | | | 43.361.995 94 | 38.114.171 29 | ............. | 5.247.824 65 | ............. | 43.361.995 94 |
| | Ancienne Société générale des Chemins de fer Romains (les intérêts et l'amortissement des titres figurent dans les dépenses à répartir).L. | ............. | ............. | ............. | ............. | ............. | ............. | ............. |
| | **Titres et Effets en Portefeuille.** | | | | | | | |
| | Ancienne Société Livournaise............L. | ............. | 2.079 55 | | | | | |
| | — — de la Toscane Centrale............» | ............. | 772.478 83 | | | | | |
| | Ancienne Société générale des Chemins de fer Romains — Titres divers, | 280.383 10 | | | | | | |
| | Traites sur York et divers | 565.826 71 | 846.209 81 | | | | | |
| | L. | ............. | 1.620.768 19 | 2.079 55 | ............. | 772.478 83 | 846.209 81 | 1.620.768 19 |
| | *A reporter*.....L. | ............. | ............. | 255.930.788 49 | 37.435.303 23 | 48.524.546 » | 418.507.243 68 | 760.397.881 40 |

| | ACTIF | | | ANCIENNE SOCIÉTÉ LIVOURNAISE. | ANCIENNE SOCIÉTÉ des MAREMMES. | ANCIENNE SOCIÉTÉ de la TOSCANE CENTRALE. | ANCIENNE SOCIÉTÉ Générale DES CHEMINS DE FER ROMAINS. | TOTAUX. |
|---|---|---|---|---|---|---|---|---|
| | *Report*...... L. | ........... | ........... | 255.930.788 49 | 37.435,303 23 | 48.524.546 » | 418.507.243 68 | 760.397.881 |
| | **Ancienne Société Générale des Chemins de fer Romains.** | | | | | | | |
| | Dépenses spéciales amorties........ L. | ........... | 362.850 » | | | | | |
| | — à amortir........ » | ........... | 8.657.150 » | | | | | |
| | L. | ........... | 9.020.000 » | ........... | ........... | ........... | 9.020.000 » | 9.020.000 |
| | **Dépôts pour les Expropriations.** | | | | | | | |
| | Ancienne Société des Livournais........ L. | ........... | 244.684 38 | | | | | |
| | — — Générale des Chemins de fer Romains : au Mont-de-Piété de Rome pour l'expropriation de la Villa Massimo pour l'établissement de la Station Centrale... » | ........... | 426.600 55 | | | | | |
| | L. | ........... | 671.284 93 | 244.684 38 | ........... | ........... | 426.600 55 | 671.284 |
| Ancienne Société Générale des Chemins de fer Romains. | Cautionnement de la ligne de Civita-Vecchia au Chiaronne, solde restant dû par le Gouvernement Pontifical........ L. | ........... | ........... | ........... | ........... | ........... | 10.752 70 | 10.752 |
| | Versements à encaisser sur les actions vendues 400 francs........ » | ........... | ........... | ........... | ........... | ........... | 68.300 » | 68.300 |
| | **Immeubles.** | | | | | | | |
| | Ancienne Société Livournaise........ L. | ........... | 108.560 » | | | | | |
| | — — de la Toscane Centrale........ » | ........... | 22.077 14 | | | | | |
| | L. | ........... | 130.637 14 | 108.560 » | ........... | 22.077 14 | ........... | 130.637 |
| Dito........ | Frais de premier établissement des anciens immeubles de la Société 1867 » | ........... | 439.691 68 | | | | | |
| | — — — — 1868 » | ........... | 262.941 78 | | | | | |
| | | | 702.633 46 | ........... | ........... | ........... | 702.633 46 | 702.633 |
| | **Matières, Approvisionnements en magasin, etc.** | | | | | | | |
| | Ancienne Société Livournaise........ L. | ........... | 2.033.772 83 | | | | | |
| | — — de la Toscane Centrale........ » | ........... | 797.622 86 | | | | | |
| | Ancienne Société Générale des Chemins de fer Romains........ » | ........... | 2.464.402 84 | | | | | |
| | L. | ........... | 5.295.798 53 | 2.033.772 83 | ........... | 797.622 86 | 2.464.402 84 | 5.295.798 5 |
| | **Services Communs.** | | | | | | | |
| Ancienne Société Livournais. | Section de la Toscane Centrale........ L. | ........... | 58.915 77 | | | | | |
| | Société de la Haute-Italie........ » | ........... | 83.735 45 | | | | | |
| | L. | ........... | 142.651 22 | 142.651 22 | ........... | ........... | ........... | 142.651 |
| Ancienne Société des Maremmes. | Payé à l'ancienne Société des Livournais, chargée de l'Exploitation de cette ligne........ L. | ........... | 300.000 » | | | | | |
| | Payé à la Section Nord........ » | ........... | 216 904 01 | | | | | |
| | Solde dû au Gouvernement........ » | ........... | 2.971.599 61 | | | | | |
| | L. | ........... | 3.488.503 62 | ........... | 3.488.503 62 | ........... | ........... | 3.488.503 |
| | *A reporter*....... L. | ........... | ........... | 258.400.456 92 | 40.923.806 85 | 49.344.246 » | 431.199.933 23 | 779.928.443 |

# ACTIF

| | | | ANCIENNE SOCIÉTÉ LIVOURNAISE. | ANCIENNE SOCIÉTÉ des MAREMMES. | ANCIENNE SOCIÉTÉ de la TOSCANE CENTRALE. | ANCIENNE SOCIÉTÉ Générale DES CHEMINS DE FER ROMAINS. | TOTAUX. |
|---|---|---|---|---|---|---|---|
| | *Report*..... L. | | 258.460.456 92 | 40.923.806 85 | 49.344.246 » | 431.199.933 23 | 779.928.443 » |
| | **Débiteurs divers.** | | | | | | |
| | Ancienne Société Livournaise........ L. | 1.493.279 87 | | | | | |
| | — de la Toscane Centrale........ » | 292.703 09 | | | | | |
| | L. | 1.785.982 96 | 1.493.279 87 | ........ | 292.703 09 | ........ | 1.785.982 96 |
| | **Comptes Débiteurs des Banquiers de la Société.** | | | | | | |
| ienne Société Livour-aise........ | M. A. de Rothschild et fils........ L. | 8.048 63 | | | | | |
| | Rodocanacchi fils et C<sup>ie</sup>........ » | 605 42 | | | | | |
| | de Rothschild frères........ » | 610 05 | | | | | |
| | Marcuard, André et C<sup>ie</sup>........ » | 5.244 » | | | | | |
| | L. | 14.508 10 | 14.508 10 | ........ | ........ | ........ | 14.508 10 |
| ienne Société de la Tos-ane Centrale........ | M. A. de Rothschild et fils........ L. | 2.965 37 | | | | | |
| | D. A. D<sup>r</sup>. Lattis........ » | 61.956 35 | | | | | |
| | L. | 64.921 72 | ........ | ........ | 64.921 72 | ........ | 64.921 72 |
| enne Société Générale es Chemins de fer omains........ | Banque de Crédit italien........ L. | 2.243.310 71 | | | | | |
| | Agence de la Banque de Crédit italien à Naples........ » | 345.026 05 | | | | | |
| | Banque de Foligno........ » | 95.586 87 | | | | | |
| | L. | 2.683.923 63 | ........ | ........ | ........ | 2.683.923 63 | 2.683.923 63 |
| | En caisse...... L. | | 75.668.12 | ........ | 15.189.56 | 526.408 41 | 617.266 09 |
| | Totaux...... L. | | 260.043.913 01 | 40.923.806 85 | 49.717.060.37 | 434.410.265 27 | 785.095.045 50 |

CHEMINS DE FER ROMAINS

# BILAN GÉNÉRAL

## 1868

## PASSIF

 

# PASSIF

| | | | | | ANCIENNE SOCIÉTÉ LIVOURNAISE. | ANCIENNE SOCIÉTÉ des MAREMMES. | ANCIENNE SOCIÉTÉ de la TOSCANE CENTRALE. | ANCIENNE SOCIÉTÉ Générale DES CHEMINS DE FER ROMAINS. | TOTAUX. |
|---|---|---|---|---|---|---|---|---|---|
| | | **Capital social.** | | | | | | | |
| 79.643 | | Actions de L. 420 de l'ancienne Société des Livournais L. | | 33.450.900 » | | | | | |
| 307 | | Actions de jouissance représentant 420 L. » | | 149.100 » | | | | | |
| 80.000 | | L. | | 33.600.000 » | 33.600.000 » | | | | 33.600.000 » |
| | 13.440 | Actions nouvelles de la Société de 500 L. chacune remises aux possesseurs des 80,000 de l'ancienne Société des Livournais L. | | | 6.720.000 » | | | | 6.720.000 » |
| | 12.700 | Actions nouvelles de 500 L. échangées contre les 89,100 actions de jouissance de l'ancienne Société des Maremmes » | | | | 6.350.000 » | | | 6.350.000 » |
| | 16.800 | Actions nouvelles privilégiées de 500 L. échangées contre les 10,000 actions de l'ancienne Société de la Toscane Centrale » | | | | | 8.400.000 » | | 8.400.000 » |
| | 170.000 | Actions nouvelles de 500 L. représentant les 170,000 actions de l'ancienne Société Générale des Chemins de fer Romains » | | | | | | 85.000.000 » | 85.000.000 » |
| 22.000 | | Actions privilégiées trentenaires de l'ancienne Société Générale des Chemins de fer Romains émises à 410 francs » | | | | | | 9.020.000 » | 9.020.000 » |
| | 10.060 | Actions nouvelles à émettre éventuellement suivant les besoins de la Société (Mémoire) » | | | | | | | |
| 102.000 | 223.000 | | | | 40.320.000 » | 6.350.000 » | 8.400.000 » | 94.020.000 » | 140.000.000 » |
| 14.087 | | Obligations Livournaises — Émission de 1856 L. | | 5.902.260 » | | | | | |
| 6.872 | | » » » 1858 » | | 2.879.100 » | | | | | |
| 16.304 | | » » » 1860 » | | 6.831.300 » | | | | | |
| 20.604 | | » » » Serie A » | | 10.275.500 » | | | | | |
| 7.033 | | » » » » B » | | 3.507.500 » | | | | | |
| 60.340 | | » » » » C » | | 15.015.324 57 | | | | | |
| 90.037 | | » » » » D[1] » | | 21.588.455 50 | | | | | |
| 128.774 | | » » » » D[2] » | | 29.040.386 83 | | | | | |
| 362.071 | | L. | | 95.039.826 90 | 95.039.826 90 | | | | 95.039.826 90 |
| 88.809 | | Obligations des Maremmes L. | | | | 30.875.712 34 | | | 30.875.712 34 |
| 11.685 | | » de l'ancienne Toscane Centrale — Série A L. | | 5.536.826 89 | | | | | |
| 33 947 | | » » » » B. » | | 12.595.398 75 | | | | | |
| 45.632 | | L. | | 18.132.225 64 | | | 18.132.225 64 | | 18.132.225 64 |
| 752.921 | | Obligations de l'ancienne Société générale des Chemins de fer Romains L. | | | | | | 171.162.930 56 | 171.162.930 56 |
| | | TOTAUX DU CAPITAL EMPRUNTS L. | | | 95.039.826 90 | 30.875.712 34 | 18.132.225 64 | 171.162.930 56 | 315.210.695 44 |
| | | TOTAUX DU CAPITAL SOCIAL ET DU CAPITAL EMPRUNTS L. | | | 135.359.826 90 | 37.225.712 34 | 26.532.225 64 | 265.182.930 56 | 464.300.695 44 |

# PASSIF

| Société | PASSIF | Nombre | | | | ANCIENNE SOCIÉTÉ LIVOURNAISE. | ANCIENNE SOCIÉTÉ des MAREMMES. | ANCIENNE SOCIÉTÉ de la TOSCANE CENTRALE. | ANCIENNE SOCIÉTÉ Générale DES CHEMINS DE FER ROMAINS. | TOTAUX. |
|---|---|---|---|---|---|---|---|---|---|---|
| | *Report* ..... L. | | | …… | …… | 135.359.826 90 | 37.225.712 34 | 26.582.225 64 | 265.182.930 56 | 464.300.695 44 |
| | **Titres Amortis.** | | | | | | | | | |
| Ancienne Société Livournaise....... | Obligations — Série A — Amorties précédemment......... | 145 | 196 | 98.000 » | 124.500 » | | | | | |
| | » » » en 1867.............. | 51 | | | | | | | | |
| | » » B — Amorties précédemment......... | 50 | 67 | 33.500 » | 42.500 » | | | | | |
| | » » » en 1867.............. | 17 | | | | | | | | |
| | » » C — Amorties précédemment......... | 488 | 660 | 143.288 42 | 181.932 40 | | | | | |
| | » » » en 1867.............. | 172 | | | | | | | | |
| | » » D¹ — Amorties précédemment......... | 697 | 943 | 206.045 50 | 261.544 50 | | | | | |
| | » » » en 1867.............. | 246 | | | | | | | | |
| | » » D² — Amorties précédemment......... | 906 | 1226 | 277.190 94 | 351.800 67 | | | | | |
| | » » » en 1867.............. | 320 | | | | | | | | |
| | » 1850 — Amorties précédemment.......... | 205 | 238 | | | | | | | |
| | » » en 1867................ | 33 | | | | | | | | |
| | » 1858 — Amorties précédemment.......... | 100 | 116 | 598 / 251.160 » | 288.960 » | | | | | |
| | » » en 1867................ | 16 | | | | | | | | |
| | » 1860 — Amorties précédemment.......... | 206 | 244 | | | | | | | |
| | » en 1867................ | 38 | | | | | | | | |
| | | | L. | 1.009.184 86 | 1.251.237 57 | 1.251.237 57 | …… | …… | …… | 1.251.237 57 |
| Ancienne Société des Maremmes....... | Obligations des Maremmes remboursées précédemment......... | | 243 | | | | | | | |
| | » » par la Société......... | | 48 | | | | | | | |
| | | | 291 | 101.229 63 | …… | …… | 118.970 90 | …… | …… | 118.970 90 |
| Ancienne Société de la Toscane centrale.. | Obligations — Série A — Amorties en 1865-66-67............. | | 18 | 8.534 24 | 11.853 11 | | | | | |
| | » » B » ............. | | 53 | 19.676 23 | 27.101 25 | | | | | |
| | | | 71 | 28.210 49 | 38.954 36 | …… | …… | 38.954 36 | …… | 38.954 36 |
| Ancienne Société générale des chemins de fer Romains. | Actions trentenaire privilégiées amorties..................... | | 885 | 362.850 » | 362.850 » | | | | | |
| | Obligations amorties........................................ | | 7079 | 1.683.984 81 | 1.683.984 81 | | | | | |
| | | | L. | 2.046.834 81 | 2.046.834 81 | …… | …… | …… | 2.046.834 81 | 2.046.834 81 |
| | **Comptes Divers.** | | | | | | | | | |
| | Subvention accordée par le Gouvernement à l'ancienne Société de la Toscane Centrale, par les décrets des 13 avril 1854 et 30 janvier 1860.......... | | L. | …… | …… | …… | …… | 3.557.000 » | …… | 3.557.000 » |
| | Perte sur la transaction faite avec le Gouvernement sur le capital des Maremmes........................ | | | …… | …… | …… | 1.005.316 76 | …… | …… | 1.005.316 76 |
| | *A reporter*..... L. | | | …… | …… | 136.611.084 47 | 38.350.000 » | 30.128.480 » | 267.229.765 37 | 472.319.009 84 |

| | PASSIF | | | Ancienne Société Livournaise. | Ancienne Société des Maremmes. | Ancienne Société de la Toscane Centrale. | Ancienne Société Générale des Chemins de fer Romains. | Totaux. |
|---|---|---|---|---|---|---|---|---|
| | *Report* L. | | | 136.611.064 47 | 38.330.000 00 | 30.128.180 00 | 267.229.765 37 | 472.319.009 8 |
| Ancienne Société générale des Chemins de fer Romains (suite.) | Sommes versées par le Gouvernement Italien sur les garanties et subventions » | | | | | | 17.246.075 66 | 17.246.075 6 |
| | Annuités du prix de cession des lignes de Bologne à Ancône et Ravenne à Castel-Bolognèse à la Société des Chemins Méridionaux » | | | | | | 12.400.613 57 | 12.400.613 5 |
| | **Titres amortis à rembourser.** | | | | | | | |
| | Ancienne Société des Livournais L. | | 620.760 » | | | | | |
| | » Société de la Toscane Centrale » | | 10.500 » | | | | | |
| | » Société générale des Chemins de fer Romains » | | 56.500 » | | | | | |
| | L. | | 687.760 » | 620.760 » | | 10.500 » | 56.500 » | 687.760 |
| | **Coupons arriérés à payer.** | | | | | | | |
| | Ancienne Société des Livournais L. | | 281.549 76 | | | | | |
| | » Société de la Toscane Centrale » | | 19.694 44 | | | | | |
| | » Société générale des Chemins de fer Romains » | | 2.945.739 50 | | | | | |
| | L. | | 3.246.983 70 | 281.549 76 | | 19.694 44 | 2.945.739 50 | 3.246.983 7 |
| | **Coupons au 1er janvier 1869.** | | | | | | | |
| | Ancienne Société des Livournais L. | | 3.011.009 58 | | | | | |
| | » Société de la Toscane Centrale » | | 570.400 » | | | | | |
| | » Société générale des Chemins de fer Romains » | | 5.646.907 50 | | | | | |
| | L. | | 9.228.317 08 | 3.011.009 58 | | 570.400 » | 5.646.907 50 | 9.228.317 0 |
| | Intérêts du 1er septembre au 31 décembre 1867 sur les coupons des actions échus le 1er mars 1868 (Ancienne Société des Livournais) L. | | 143.735 60 | | | | | |
| | Partie de l'amortissement des obligations remboursables le 1er mars 1868 (Ancienne Société des Livournais) » | | 32.200 » | | | | | |
| | L. | | 175.935 60 | 175.935 60 | | | | 175.935 6 |
| | Subventions accordées par le Gouvernement à l'ancienne Société générale des Chemins de fer Romains pour la ligne de Ravenne à Castel-Bolognèse L. | | | | | | 5.000.000 » | 5.000.000 0 |
| | Sommes payées pour le remboursement des titres amortis (différence entre le prix d'émission et le prix de remboursement) : | | | | | | | |
| | Ancienne Société des Livournais sur 3591 obligations. L. | | 1.000.222 43 | | | | | |
| | » Société des Maremmes » 342 » » | | 52.029 10 | | | | | |
| | » Société de la Toscane centrale » 98 » » | | 10.045 64 | | | | | |
| | » Société générale des Chemins Romains { 885 actions trent[es] » | 79.650 00 | | | | | | |
| | 7.079 obligations, » | 1.855.515 19 | 1.935.165 19 | | | | | |
| | L. | | 2.997.462 36 | 1.000.222 43 | 52.029 10 | 10.045 64 | 1.935.165 19 | 2.997.462 3 |
| | **Comptes à liquider.** | | | | | | | |
| Ancienne Société des Livournais | Intérêts et amortissement des obligations de l'ancienne Société des Maremmes de 1865 à 1868 L. | | 8.157.970 29 | | | | | |
| | Sommes versées par le Gouvernement Italien et par divers » | | 37.064.437 51 | | | | | |
| | Garanties de l'ancienne Société des Livournais du 1er janvier au 14 mai 1865 » | | 1.995.558 05 | | | | | |
| | Subventions kilométriques 1865-1866 et 1867 » | 22.659.707 01 | | | | | | |
| | » » 1868 » | 9.500.250 00 | 32.159.957 01 | | | | | |
| | » » des lignes de Gênes-Voltri-Savone, et Gênes à Chiavari de 1865 à 1868 » | | 1.005.134 76 | | | | | |
| | *A reporter* L. | | 80.383.057 62 | 141.700.544 84 | 38.402.029 10 | 30.738.820 08 | 312.460.766 79 | 523.302.157 8 |

# PASSIF

| | | | | | ANCIENNE SOCIÉTÉ LIVOURNAISE. | ANCIENNE SOCIÉTÉ des MAREMMES. | ANCIENNE SOCIÉTÉ de la TOSCANE CENTRALE. | ANCIENNE SOCIÉTÉ Générale DES CHEMINS DE FER ROMAINS. | TOTAUX. |
|---|---|---|---|---|---|---|---|---|---|
| | *Report* | L. | ............ | 80.383.057 62 | 141.700.541 81 | 38.402.029 10 | 30.738.820 08 | 312.460.766 79 | 523.302.157 81 |
| Ancienne Société des Livournais (SUITE). | Décime au Gouvernement sur les transports à grande vitesse | » | ............ | 378.640 05 | | | | | |
| | Frais de surveillance et de contrôle dus au Gouvernement | » | ............ | 129.906 68 | | | | | |
| | Impôts | » | ............ | 2.159.738 22 | | | | | |
| | Exploitation de la ligne de Gênes-Voltri-Savone de 1865 à 1868 | » | ............ | 209.801 74 | | | | | |
| | » de la ligne Florence à la Spezia du 1er juillet au 31 décembre | » | ............ | 647.905 59 | | | | | |
| | | L. | ............ | 83.909.049 90 | 83.909.049 90 | ............ | ............ | ............ | 83.909.049 90 |
| Ancienne Société de la Toscane centrale.. | Subvention kilométrique 1865 à 1867 | L. | 7.342.416 60 | | | | | | |
| | » » 1868 | » | 2.862.000 00 | 10.204.416 60 | | | | | |
| | Sommes versées par le Gouvernement Italien | » | ............ | 4.463.988 19 | ............ | ............ | 14.068.404 79 | ............ | 14.668.404 79 |
| | | L. | ............ | 14.068.404 79 | | | | | |
| Ancienne Société générale des Chemins de fer Romains. | Garanties du Gouvernement Pontifical: | | | | | | | | |
| | Exploitation 1863 à 1867 conformément à la Convention du 27 Juin 1868 | L. | ............ | 8.655.563 31 | | | | | |
| | Subventions 1868 | » | ............ | 2.500.000 » | | | | | |
| | | L. | ............ | 11.157.563 31 | ............ | ............ | ............ | 11.157.563 31 | 11.157.563 31 |
| | Garanties du Gouvernement Italien: | | | | | | | | |
| | Ligne d'Ancône à Bologne — Exploitation 1861 à 1865 (14 mai) et intérêts | L. | ............ | 13.599.127 05 | | | | | |
| | Ligne de Ceprano à Naples — Exploitation 1862 à 1865 (14 mai) et intérêts | » | ............ | 2.970.184 15 | | | | | |
| | Subventions kilom. du 15 mai 1865 au 31 décembre 1867 | » | 11.930.946 39 | | | | | | |
| | » » 1868 | » | 5.445.750 00 | 17.376.696 39 | | | | | |
| | Tommasini Guerrini et Cie | » | 8.393.536 66 | | | | | | |
| | Divers | » | 771.145 35 | 9.164.682 01 | | | | | |
| | | L. | ............ | 43.116.689 60 | ............ | ............ | ............ | 43.116.689 60 | 43.116.689 60 |
| | Bons du Trésor (Convention du 11 Octobre 1868) | L. | ............ | ............ | | | | | |
| | Ancienne Société des Livournais | » | ............ | 3.654.250 » | | | | | |
| | » Société de la Toscane Centrale | » | ............ | 1.020.500 » | | | | | |
| | » Société Générale des Chemins de fer Romains | » | ............ | 22.028.400 » | | | | | |
| | Société fusionnée | » | ............ | 10.974.330 » | 10.974.330 00 | | | | |
| | | L. | ............ | 37.677.480 » | 3.654.250 00 | ............ | 1.020.500 » | 22.028.400 » | 37.677.480 » |
| | **Produits nets de l'exploitation des Lignes.** | | | | | | | | |
| | Ancienne Société des Livournais 1865 à 1867 | L. | 8.182.032 61 | | | | | | |
| | » » 1868 | » | 2.384.983 83 | 10.567.036 44 | | | | | |
| | Ancienne Société de la Toscane Centrale 1865 et 1866 | » | 711.515 64 | | | | | | |
| | » » moins la perte pour 1867 et 1868 | » | 105.936 66 | 605.578 98 | | | | | |
| | Ancienne Société Générale des Chemins de fer Romains 1861 à 1867 | » | 7.415.714 71 | | | | | | |
| | » » 1868 | » | 2.346.076 51 | 9.671.791 22 | | | | | |
| | | L. | ............ | 20.934.406 04 | 10.567.036 44 | ............ | 605.578 98 | 9.761.791 22 | 20.934.406 04 |
| | *A reporter* | L. | ............ | ............ | 250.805.208 18 | 38.402.029 10 | 47.033.303 85 | 398.525.210 92 | 734.765.752 05 |

| | PASSIF | | | ANCIENNE SOCIÉTÉ LIVOURNAISE. | ANCIENNE SOCIÉTÉ des MAREMMES. | ANCIENNE SOCIÉTÉ de la TOSCANE CENTRALE. | ANCIENNE SOCIÉTÉ Générale DES CHEMINS DE FER ROMAINS. | TOTAUX. |
|---|---|---|---|---|---|---|---|---|
| | *Report*.......... L. | ............ | ............ | 260.805.208 18 | 38.402.029 10 | 47.033.303 85 | 398.525.210 92 | 734.763.752 05 |
| Ancienne Société générale des Chemins de fer Romains. | Fonds de réserve de l'ancienne Société des Livournais.......... L. | ............ | ............ | 672.178 05 | ............ | ............ | ............ | 672.178 05 |
| | Actif de l'ancienne Société de Frascati. { 1867.......... » | ............ | 15.382 50 | | | | | |
| | { 1868.......... » | ............ | 564.263 11 | | | | | |
| | L. | ............ | 579.643 61 | ............ | ............ | ............ | 579.645 61 | 579.645 61 |
| | Versements faits par l'exploitation de la section Nord en 1868.......... L. | ............ | ............ | ............ | ............ | ............ | 2.316.917 41 | 2.316.917 41 |
| | Solde dû à T. Brassey et Cie (Ancienne Société des Marem.) paiement de la Section Nord.......... » | ............ | ............ | ............ | 2.524.777 75 | ............ | ............ | 2.524.777 75 |
| | **Services communs.** | | | | | | | |
| Ancienne Société des Livournais. | Société des Chemins de fer Romains (Section Sud).......... L. | ............ | 151.013 23 | | | | | |
| | » » Méridionaux.......... » | ............ | 126.019 64 | | | | | |
| | L. | ............ | 277.032 87 | 277.032 87 | ............ | ............ | ............ | 277.032 87 |
| | **Caisse de pensions et secours.** | | | | | | | |
| Ditto. | Pensions.......... L. | 357.408 08 | | | | | | |
| | Secours.......... » | 125.449 49 | 482.827 57 | | | | | |
| Ancienne Société de la Toscane Centrale. | Pensions.......... » | 177.772 60 | | | | | | |
| | Secours.......... » | 21.524 73 | 199.297 33 | | | | | |
| | L. | ............ | 682.124 90 | 482.827 57 | ............ | 199.297 33 | ............ | 682.124 90 |
| | **Banquiers de la Société.** | | | | | | | |
| Ancienne Société des Livournais. | Banque de Darmstadt.......... L. | ............ | 349 » | | | | | |
| | Lombard Odier et Cie.......... » | ............ | 202 30 | | | | | |
| | B. et C. Goldschmidt.......... » | ............ | 111 44 | | | | | |
| | Léopold Epstein.......... » | ............ | 215 50 | | | | | |
| | Bischoffsheim et de Hirsch.......... » | ............ | 89 15 | | | | | |
| | L. | ............ | 967 39 | 967 39 | ............ | ............ | ............ | 967 39 |
| Ancienne Société de la Toscane Centrale. | Banque de Crédit Italien.......... L. | ............ | ............ | ............ | ............ | 3.350 » | ............ | 3.350 » |
| | **Dette flottante.** | | | | | | | |
| | Ancienne Société des Livournais.......... L. | ............ | 6.533.750 45 | | | | | |
| | » Société de la Toscane Centrale.......... » | ............ | 2.189.425 91 | | | | | |
| | » Société Générale des Chemins de fer Romains.......... » | ............ | 30.976.254 52 | | | | | |
| | L. | ............ | 39.699.430 88 | 6.533.750 45 | ............ | 2.189.425 91 | 30.976.254 52 | 39.699.430 88 |
| | **Créanciers divers.** | | | | | | | |
| Ancienne Société des Chemins de fer Romains. | Ancienne Société des Livournais.......... L. | ............ | 1.271.948 50 | | | | | |
| | » Société de la Toscane Centrale.......... » | ............ | 291.683 28 | | | | | |
| | » Société Générale des Chemins de fer Romains.......... » | ............ | 2.012.236 81 | | | | | |
| | L. | ............ | 3.575.868 59 | 1.271.948 50 | ............ | 291.683 28 | 2.012.236 81 | 3.575.868 59 |
| | *Totaux*.......... L. | ............ | ............ | 260.043.943 01 | 40.923.800 [illegible] | [illegible] 37 | 434.410.265 27 | 785.095.045 50 |

IMPRIMERIE CENTRALE DES CHEMINS DE FER. — A. CHAIX ET Cie, RUE BERGÈRE, 20, A PARIS. — 7909-9.

www.ingramcontent.com/pod-product-compliance
Ingram Content Group UK Ltd.
Pitfield, Milton Keynes, MK11 3LW, UK
UKHW021231230726
13926UKWH00003B/1373

9 782016 145685